熊猫大百科

咪咕文化科技有限公司、成都大熊猫繁育研究基地 / 出品

张志和 / 主编

天地出版社 | TIANDI PRESS

图书在版编目（CIP）数据

熊猫大百科 / 咪咕文化科技有限公司，成都大熊猫繁育研究
基地出品；张志和主编. —成都：天地出版社，2020.8
ISBN 978-7-5455-5658-2

Ⅰ.①熊… Ⅱ.①咪… ②成… ③张… Ⅲ.①大熊猫—基本知识
Ⅳ.①Q959.838

中国版本图书馆CIP数据核字（2020）第072119号

XIONGMAO DABAIKE

熊猫大百科

出 品 人	杨 政
总 策 划	陈 德　戴迪玲
策划编辑	徐 宏
责任编辑	郭汉伟　曹 聪
特约编辑	赵 亮
营销编辑	吴 咚　李倩雯
装帧设计	谭启平
内文排版	书情文化
责任印制	刘 元　胡江漫

出版发行	天地出版社
	（成都市槐树街2号　邮政编码：610014）
	（北京市方庄芳群园3区3号　邮政编码：100078）
网 址	http://www.tiandiph.com
电子邮箱	tianditg@163.com
经 销	新华文轩出版传媒股份有限公司

印 刷	北京尚唐印刷包装有限公司
版 次	2020年8月第1版
印 次	2020年8月第1次印刷
开 本	889mm×1194mm 1/20
印 张	8
字 数	100千字
定 价	88.00元
书 号	ISBN 978-7-5455-5658-2

咪咕熊猫介绍

成又又

星座： 射手座

优点： 理想主义、有正义感

缺点： 有点儿随心所欲

人设： 有很重好奇心的乐天派，喜欢鼓捣黑科技小玩意儿。它最自豪的作品就是一个无线信息接收头盔，天天戴在头上到处炫耀，不过它的朋友貌似都不太买账。

熊巧巧

星座： 处女座

优点： 细心、开朗、温柔大方

缺点： 有点太过挑剔

人设： 成又又的妈妈，急性子的完美主义者，凡事都要追求完美，却又乌龙不断，最爱做的事情就是研究新的甜品给大家品尝。

扫书中二维码，免费观看
30期《熊猫1分钟》视频

目 录

第 3 章　大熊猫的前世今生

第 4 章　保护"国宝"大熊猫

第 1 章
大熊猫怎么这么可爱？

扫码观看视频

大熊猫为什么是黑白的?

　　大熊猫出现在 800 万年前。为了适应环境的变化,它的毛皮颜色变为黑白相间。关于大熊猫为什么长有黑白色斑,学界尚无定论。

　　有的科学家认为,动物身上的黑白色斑可以打破自身的轮廓线,让掠食者不容易判断自己的方位。大熊猫的脸、脖子、肚皮和臀部之所以是白色的,是因为这能帮助大熊猫躲藏在栖息地的积雪中。它们身上黑色的部位远看就像石块,而黑色的四肢也能帮助它们躲藏在自己的阴影里。这一身都是妥妥的保护色。

成又又:老妈,咱们一起去秋游吧,拍拍美照,发发朋友圈。

熊巧巧:拍美照?你还是省省吧,你身上就只有黑和白。

成又又:黑和白怎么了?我用的是有美颜效果的相机,拍出来可以瘦脸、瘦腿、瘦胳膊、瘦腰……

熊巧巧:你就算把自己修瘦了,那充其量就是变成一只哈士奇。

成又又:唉,老妈,为什么我们大熊猫就只有黑和白两种颜色呢?

熊巧巧:嗯,这个问题问得好。回答这个问题要追溯到很久很久以前……

　　有的科学家则认为，大熊猫头部的黑白色斑不是为了伪装，而是为了跟同伴交流，同时警告猎食者。黑色的耳朵显露出一种凶狠的样子，能够警告掠食者不要靠近。大熊猫的黑眼圈则有助于同类间互相识别。每只大熊猫面部皮毛上的黑白色斑都是独特的，这简直就是一套大熊猫脸识别系统。这点和斑马身上的条纹有同样的作用。

　　还有的科学家的观点更有趣，认为大熊猫长着耀眼的毛皮或许有助于避免跟其他大熊猫接近，毕竟除了交配季节，大熊猫根本不喜欢互相接触，也很沉默。

　　此外，还有的科学家认为大熊猫身上的黑白色斑有助于调节体温。

Q 为什么斑马的身上长着黑白色的条纹呢?

A 斑马身上黑白色的条纹是同类之间相互识别的主要标记之一,也是求偶时的重要"道具"。这种黑白色的条纹也可以为斑马提供伪装,帮助斑马逃过猛兽的追猎。同时,黑白色条纹还能够帮助斑马赶走传播疾病的苍蝇。此外,斑马的栖息地总是闷热难耐,空气在吸收阳光较多的黑色条纹上流动得快,而在白色条纹上流动得慢,这样就会形成气流,帮助斑马保持凉爽。

观察与思考

1. 除了大熊猫和斑马,大自然中还有哪些动物是黑白配色的?
2. 除了斑马,大自然中还有哪些动物身上长着条纹?

趣味小问答

大熊猫有尾巴吗？

▶ 大熊猫是有尾巴的，而且是白色的。因为大熊猫的屁股肉嘟嘟的，有点大，所以尾巴就没有那么明显了。

动物大比拼

属性	哺乳动物	哺乳动物
皮毛	黑白	黑白
栖息环境	中国长江上游的高山深谷	干燥、开阔、灌木丛较多的草原上和沙漠地带
食谱	竹子	草、灌木、树叶甚至树皮

大熊猫竟然是近视眼?

有大量的研究指出，大熊猫的嗅觉和听觉非常发达，但是视力很差，不过始终没有给出大熊猫视力的具体数值。为了弄清这个问题，北京师范大学的研究人员专门做了一个实验。

研究人员选取了圈养的四只雄性大熊猫、四只雌性大熊猫，一共八只作为实验对象。研究人员又找来几张黑白相间、不

成又又：老妈，今天学校检查视力，我的裸眼视力只有0.32。你能陪我去配眼镜吗？

熊巧巧：不能。

成又又：为什么呀？难道你不管我了？

熊巧巧：我不是不帮你，是你根本不需要配眼镜。

成又又：我的近视都严重成这样了，还不用配眼镜？

熊巧巧：我们大熊猫的视力本就如此。

同花纹的卡片，以气味诱导大熊猫对水平移动的卡片做出反应。他们以此来判断大熊猫能否在一定的距离内区分卡片上的花纹。研究人员经过长时间观察，发现如果大熊猫能够区分两张花纹不同的卡片，眼睛就会继续追踪卡片；如果大熊猫不能区分卡片上的花纹，那么很快就会放弃跟踪卡片，就说明大熊猫看不清楚卡片。研究结果显示，大熊猫在距离卡片大约 50 厘米的情况下，能够区分宽度为 0.46 毫米的黑白相间的条纹。研究人员用专业的方法对这个数据进行分析后，得出大熊猫的视力指数大概在 0.32，是个不折不扣的近视眼。

　　按照人类的标准，大熊猫是个 800 度的"大近视"，只能看清几米之内的物体。不过，这丝毫不会影响它们在野外的生活。大熊猫生活在森林或竹林中。在那里，高大的植被遮天蔽日，能见度很低，大熊猫的眼睛再好也无法看得很远。而且，和很多野生动物一样，大熊猫在找寻食物、判断风险等方面首先用到的是它们灵敏的嗅觉和听觉，所以视力差点儿也就无所谓了。

趣味小问答

为什么大熊猫的眼睛看上去很大?

▷ 大熊猫的双眼外面各有一个用来吸收阳光，避免紫外线刺激眼睛的黑眼圈。黑眼圈和几乎没有眼白的眼球看上去就像一个整体，所以显得眼睛很大。如果去掉黑眼圈，就会发现它们的眼睛很小，在大大的脸上显得很不协调。

知识链接

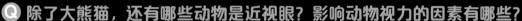

Q 除了大熊猫，还有哪些动物是近视眼？影响动物视力的因素有哪些？

A 除了大熊猫，所有熊科动物、各种犀牛的视力都不好，它们主要靠嗅觉和听觉来辨别周围的一切。犀牛看到前方有人或物体就会猛冲，主要是由于距离太近了让它们感觉到了危险。

影响动物视力的因素很多，主要包括眼睛大小、眼睛位置、生活环境等。食肉目哺乳动物和猛禽的眼睛位于头部前方。它们的两只眼睛的视野有较大的重合面积，视角更大，可以生成更好的立体图像。这有助于它们判断猎物的方位。食草动物的眼睛通常更靠近头部两侧，以此来获得更大的视野，能够及时发现天敌。生活在水下或洞穴里的动物，由于环境昏暗，能见度较低，通常视力都不好。

为什么大熊猫有黑眼圈?

大熊猫的眼睛外面有一块黑色的眼斑,看上去就像个黑眼圈。这是大熊猫在几百万年的自然生活中,为了更好地生存,进化而来的。

大熊猫的黑眼圈主要有防护、威慑和相互识别三个作用。

首先,来说说黑眼圈的防护作用。大熊猫的眼睛很小,并且几乎没有眼白。由于黑色的东西会吸收大量的紫外线,这使得它们黑漆漆的眼睛对光线异常敏感。黑眼圈增加了眼睛周围皮毛吸收紫外线

成又又:哎呀呀,好困呀!

熊巧巧:太阳都晒屁股啦,怎么还赖床?

成又又:我最近缺觉,都有黑眼圈了。

熊巧巧:哈哈,傻孩子,这黑眼圈可不是缺觉造成的,而是咱们大熊猫在进化过程中产生的特有的标识。

成又又:这么难看的标识?要是能去掉就好了!

熊巧巧:去掉这黑眼圈,你的麻烦就大了。

的面积。紫外线被黑眼圈吸收了，眼睛需要承受的刺激也就变小了。从这点上说，黑眼圈对于大熊猫的作用类似于墨镜对于人类的作用。

第二个作用就是威慑天敌了。如今在大熊猫的栖息地内，已经很难找到能对成年大熊猫构成致命威胁的动物。不过，在大熊猫家族的历史上，它们曾经和剑齿虎、华南虎等各种猛兽较量过。猛兽狭路相逢时，通常会盯住对方的眼睛，企图通过气势来吓跑对方。大熊猫的眼睛几乎是全黑的，会让对手误以为自己碰到一个眼睛巨大的怪物，仓皇而逃。

此外，每只大熊猫的黑眼圈都有着独一无二的轮廓，就像人类的指纹一样。科学家认为，大熊猫之间可以通过黑眼圈来相互识别。

　　大熊猫的黑眼圈和人类的牙齿一样，是随年龄增长逐渐长全的。刚出生三天的大熊猫幼崽全身粉嫩，根本没有黑眼圈。直到第四天，大熊猫幼崽的眼睛周围才会出现一个浅浅的痕迹。在此后的十一天，大熊猫幼崽的黑眼圈会逐渐变大变深。到了第十五天，黑眼圈基本形成。随着大熊猫幼崽不断长大，圆形的黑眼圈会逐渐变长，到了第五十七天，基本就和成年大熊猫的黑眼圈没区别了。

知识链接

Q 北极熊为什么没有大熊猫那样的黑眼圈？

A 虽然北极熊没有像大熊猫那么明显的黑眼圈，却有一层"保护罩"。北极熊的皮肤是黑色的，可以吸收阳光。它的毛发是中空的，由角蛋白构成，具有保暖的作用。它看上去一身白，其实白色只是阳光照在中空毛发后反射的结果。

为什么有的大熊猫的眼圈不是黑色的？

▶ 有种观点认为，造成大熊猫没有黑眼圈的原因可能是大熊猫发生了基因突变，患上了白化病，导致浑身皮毛的颜色变浅了。

Q 除了大熊猫，还有哪些珍稀动物有黑眼圈？

A 黑足雪貂，也叫黑足鼬，是一种体重只有 1 千克左右的小型食肉动物。它生活在北美地区，以鼠类为食。它的眼睛周围有一圈黑色的眼斑。由于人类捕杀和栖息地破坏等原因，黑足雪貂的物种濒危等级已为"濒危"。

大熊猫为什么有棕色的?

    严格来说,棕色大熊猫应该叫棕白色大熊猫。大熊猫身体上的黑色毛发在它们身上都变成了棕色。

    目前有记载的第一只棕色大熊猫名叫"丹丹"。1985 年 3 月 26 日,它在陕西秦岭佛坪自然保护区被发现。被发现时,丹丹的身体非常虚弱。经过救助,它被送到西安动物园抚养。在丹丹之后,又陆续发现了五只棕白色大熊猫。它们全部生活在秦岭的核心区域,属于大熊猫中体形相对较大的秦岭亚种。

    许多科学家针对棕白色大熊猫毛发变色的原因进行了长期的研究,目前的主要观点有以下几点:

    第一种观点认为,这些棕白色大熊猫都生活在同一地区。这一地区的水源、土

成又又:老妈你看,这是我新买的染发喷雾,可以把头发喷成棕色,要不要试试?

熊巧巧:哎哎哎……拿开拿开!

成又又:我还不是希望你能看起来洋气一点么,不要这么保守!快来快来!

熊巧巧:哎呀!去去去。什么保守呀、洋气呀,不是你说的那么回事。棕色大熊猫在咱们家族里属于变种。

成又又:怎么会这样?

壤、气候中的某些能够影响黑色素合成的微量元素含量异常。这些微量元素被大熊猫通过饮水、进食、呼吸等方式摄入，导致皮毛中黑色素减退。然而这个观点并非无懈可击，最有力的反证就是秦岭地区的大熊猫也只有小部分是棕白色的。

第二种观点认为，这是基因表达的结果。生物体内的基因有显性基因和隐性基因两种。显性基因，顾名思义就是基因的表达能从外表上看出来，而隐性基因通常要是隐性纯合子（两个基因都是隐性）时才能表达性状。此外还有不完全显性和多基因控制性状等情况。绝大多数大熊猫控制毛色的基因都是显性、黑白，而棕白色的基因要

趣味小问答

为什么棕白色大熊猫只出现在秦岭？

▶ 大约 30 万年前，秦岭山脉的大熊猫和其他地方的大熊猫出现了分化。有一种观点认为，由于地理隔绝等因素的影响，它们和其他地域的大熊猫失去了联系，无法同其他地方的大熊猫进行基因交流。不过，这种观点还需要更多有力的证据来论证。

么是隐性的，要么根本就不存在。

第三种观点认为，这是大熊猫的返祖现象。相对于四川亚种，秦岭亚种大熊猫的头部更圆，口鼻部较短，形态上更接近祖先始熊猫。科学家通过观察发现，很多体色正常的秦岭大熊猫在胸部、腹部等地方也出现了少量的棕色毛发。结合这两点推测，大熊猫出现棕白色皮毛可能是大熊猫的一种返祖现象。

不过，目前所发现的棕白色大熊猫的母亲和后代的皮毛都是正常的黑白色，而雄性大熊猫不负责抚养后代，科学家很难从基因遗传的角度进行全面研究。所以，为什么有的大熊猫的皮毛是棕白色这个问题，还没有最终答案。

知识链接

Q 除了大熊猫，还有哪些动物的皮毛颜色会发生变异？

A 澳大利亚海域生活着一只名叫"米伽罗"的白色座头鲸，是世界上已知的唯一一头白色座头鲸，非洲狮中有"白狮"，孟加拉虎中有"白虎"，花豹中有

大熊猫为什么这么可爱？

　　大熊猫不仅是中国的"国宝"，也是世界上最受欢迎的动物之一。国外很多动物园都梦想拥有一只大熊猫呢。无论在中国，还是在国外，只要有大熊猫的地方，游客总是络绎不绝，一年的参观量甚至超过 1 亿人次。美国华盛顿把每年的 4 月 24 日定为"大熊猫日"，很多城市因为大熊猫的"抚养权"而发生争论。

成又又： 老妈，快来看，快来看……快来看今天出版的《动物园时报》，我被评为"动物园人气大赛"的冠军！

熊巧巧： 哎呀，恭喜！

成又又： 嘿嘿，谢谢啦！不过我有点闹不明白：要说高大威猛，我比不上老虎和大象；要说娇小·可爱，我这体形也太胖太大了一点……

熊巧巧： 不错嘛，你竟然可以这么客观地评价自己啦。既然如此，你不妨试着归纳一下我们大熊猫受欢迎的原因。

成又又： 难道是因为我们数量少？人类常说"物以稀为贵"呀！

熊巧巧： 嗯……这只能算是一方面，毕竟比我们稀少的动物有的是。

19

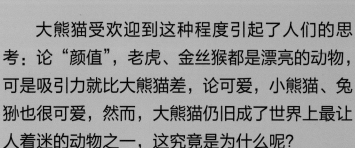

　　大熊猫受欢迎到这种程度引起了人们的思考：论"颜值"，老虎、金丝猴都是漂亮的动物，可是吸引力就比大熊猫差，论可爱，小熊猫、兔狲也很可爱，然而，大熊猫仍旧成了世界上最让人着迷的动物之一，这究竟是为什么呢？

　　为了探究真相，奥地利动物心理与行为学家洛伦兹（K.Z. Lovenz）在 20 世纪中叶专门做了研究课题。他做了大量调查后认为，要想成为人们心目中的"可爱动物"必须具备以下特征：

　　1. 与身体相比，脑袋看着比较大；

　　2. 头部和脸部都圆圆的；

　　3. 额头大且向前突出；

　　4. 眼睛在头部中线以下，在整张脸中看上去比较大；

　　5. 身体圆滚滚的，摸上去柔软又不失弹性。

　　如果逐一对照这几条来看，我们会发现大熊

趣味小问答

为什么说大熊猫是"旗舰物种"和"伞物种"？

▶ 旗舰物种是译自"flagship species"，代表某个物种对一般大众具有特别号召力和吸引力，可促进大众对动物保护的关注。"伞"有避雨、遮阳的作用。大熊猫的名气大、影响大，研究它的人也特别多。保护大熊猫及其栖息地，可以间接保护保护区内的很多生物。从这点上来说，大熊猫成了栖息地中其他动物的保护伞。

猫几乎完全符合"可爱动物"的标准。大熊猫的体形和亚洲黑熊相当，头身比也差不多。但是，大熊猫的颈部黑白皮毛的分界线比较靠下，显得头部比较大。其次，一对纯黑的小眼睛位于长条形的黑眼圈中，给人一种眼睛很大的错觉。第三，它圆头圆脑圆身子，而且身体非常柔软。

虽然成年大熊猫的体重比很多成年人都重，但它们的身材比例、五官比例和幼年期相比变化却不大，看上去还是个"宝宝"。社会生物学称这种情况为"幼态延续"。人类在长期的演化中，逐渐发展出了对婴儿的怜爱心理，看到和婴儿形态相似的动物就忍不住想上去抚摸。

Q 还有哪些动物具备类似大熊猫的可爱特征？

A 考拉、松鼠、猫······

大熊猫和谁是"亲戚"？

熊是哺乳纲食肉目熊科动物的统称，现存于世的共有 8 种，除大熊猫外，其余都叫"XX 熊"，它们各自有不同的特点。

眼镜熊 》

眼镜熊的眼眶周围长了一个黑色的圈，看上去就像戴了一副眼镜，故而得名。由于生活在南美洲的安第斯山脉，也叫安第斯熊，是现存于南半球唯一的熊科动物。眼镜熊喜欢吃凤梨科植物的果实，是除大熊猫之外最不爱吃肉的熊。

成又又：哎呀呀，老妈，你手里拿的是什么？

熊巧巧：这些都是亲戚们的照片。

成又又：我看看……北极熊、棕熊、黑熊……它们都不是大熊猫啊，怎么是咱家亲戚呢？

熊巧巧：谁说大熊猫的亲戚只能是大熊猫，我们虽然叫大熊猫，但是别忘了我们也是熊，所以我们有很多熊亲戚！

成又又：你说得对，那你快带我认识一下熊亲戚们吧！

亚洲黑熊 ≫

亚洲黑熊生活在亚洲，几乎全身都穿着一件"黑毛衣"，胸口的白毛看上去像字母 V 或月牙，因此也被称为"月熊"。

懒熊 ≫

懒熊生活在亚洲的斯里兰卡、印度、不丹等国家和地区的森林和草原地带，胸前也有 V 形白毛，大部分个体的颜色和亚洲黑熊接近。和其他熊相比，懒熊的口鼻部更长，能够像食蚁兽那样舔食白蚁。

美洲黑熊 ≫

美洲黑熊生活在北美大陆，体形比亚洲黑熊大，已知最大个体有 400 千克，比最大的亚洲黑熊重一倍。除了体形，美洲黑熊和它的亚洲亲戚的最大区别是胸口上没有白毛。从血缘上说，它们和棕熊以及北极熊的关系要比和亚洲黑熊近。

马来熊 ≫

马来熊生活在马来西亚、孟加拉国，还有苏门答腊岛和加里曼丹岛等地，是世界上体形最小的熊，成年雄性不超过 80 千克。马来熊最显著特征是胸部有白色或金色的 U 形斑纹。

棕熊 ≫

　　棕熊的踪迹遍布亚洲、欧洲、美洲，是世界上分布最广的熊。棕熊身体强壮，后背靠前的位置有明显的肌肉凸起。不同亚种的棕熊体形差距很大，较小的叙利亚棕熊只有一百多千克，最大的科迪亚克棕熊则超过 700 千克。在众多的棕熊中，北美棕熊因为灰色的毛发又被称为"灰熊"。别名马熊的西藏棕熊，则由于黑中带蓝的毛色被称为"蓝熊"。

北极熊 》

北极熊是当今世界上体形最大的熊，最大个体有 800 千克。虽然别名白熊，但从眼睛周围、鼻头、耳朵内侧、脚底等部位可以看出，北极熊的皮肤实际上是黑色的。它看上去一身洁白只是中空的毛发反射太阳光后，在冰天雪地的环境下映衬的结果。和其他熊家族的同伴以杂食为主不同，由于生存环境恶劣，北极熊需要补充大量的脂肪和蛋白质，是"纯肉食主义者"。它们最喜欢吃海豹、白鲸、独角鲸、驯鹿、海象等。不过，近些年气候变暖导致栖息环境被破坏，北极熊的食物急速减少，很多时候不得不靠浆果和鸟蛋充饥，甚至发生过同类相食的惨剧。

知识链接

Q 小熊猫和大熊猫是什么关系？

A 小熊猫因一身棕红色的皮毛以及尾巴上分布着九节环纹等特征，又被称为"红熊猫"或"九节狼"。过去，生物学家曾把大熊猫和小熊猫一同归入熊猫科。随着研究的深入和分子生物学的发展，科学家发现两者在基因和形态上都有较大区别。按照最新的分类，小熊猫属于哺乳纲食肉目小熊猫科。大熊猫和小熊猫的基因相似程度比人和黑猩猩差远了，至少人和黑猩猩都属于灵长目人科人亚科。

趣咪小问答

众多的熊族亲戚中，大熊猫和谁最亲？

▶ 大熊猫和眼镜熊最亲。科学家研究两者的基因，得出结论：大熊猫最早从熊族动物的共同祖先中独立出来单独进化，眼镜熊第二个独立进化，眼镜熊和大熊猫的关系比其他熊近。

第 2 章
大熊猫的生活圈

扫码观看视频

大熊猫吃什么？

成又又：老妈，有同学跟我说，我们大熊猫以前叫"食铁兽"。

熊巧巧："食铁兽"？我好像也听过这种说法。

成又又：这也太难听了，好像我们吃铁似的。

熊巧巧：唉，可能是因为咱们牙口太好闹的。传说在古代，我们大熊猫曾经跑到人类家中舔舐铁锅，补充盐分，却因为控制不好力道把锅边咬下来，让古人误以为我们在吃铁。

成又又：这肯定是假的吧！我们吃竹子还不够吗？为什么还要补充盐分？

熊巧巧：真的假的不好说，但任何动物都要补充盐分。

盐的主要成分是氯化钠，是维持生命的重要元素。动物需要活动，就得补充盐分，如果体内的盐分不够就会出现恶心、乏力的状况。

虽然不能像人类那样到商店里买盐，但动物们也有它们补充盐分的方式。比如，牛羊等食草动物会舔舐泥土和岩石来摄入盐分，猴子和狒狒等灵长类动物会抓同伴身上的汗液结晶的盐粒，从汗液中获取盐分，食肉动物则会从猎物的血液中汲取盐分。

大熊猫的祖先——始熊猫是食肉动物，以各种小动物为食，从它们的血液中获取盐分。但是随着大熊猫开始以各种植物为食，它们就得吃其他食物以补充盐分。这些补充的食物可分为植物性食物和动物性食物两大类。

动物大比拼 VS

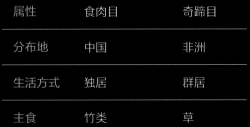

属性	食肉目	奇蹄目
分布地	中国	非洲
生活方式	独居	群居
主食	竹类	草

根据相关统计，虽然这些食物在大熊猫的食谱中所占的比例只有1%，但种类却有50种以上，其中动物性食物有9种，富含包括氯化钠在内的各种微量元素。

和所有熊科动物一样，大熊猫为了生存，会抓住一切机会填饱肚子，补充身体所需的能量。由于长期吃素，大熊猫的灵敏程度、追踪猎物的速度都不如其他猛兽，捕捉野生动物的难度较高。在缺乏竹子食用的情况下，它们往往会把目标锁定在行动能力相对较弱的家畜身上——既然可以偷袭家畜，偶尔去吃几次铁锅上的盐分也就不奇怪了。

知识链接

Q 除了大熊猫，还有哪些动物几乎只吃一类食物？

A 生活在非洲的白犀牛，因为嘴巴和牙齿的结构无法吃枝叶，只能啃食青草。

趣味小问答

大熊猫每天要吃多少竹子？用多长时间？

▶ 野生大熊猫每天能吃掉 12～15 千克的竹子，圈养大熊猫由于食物来源充足，每天的平均食量为 20～30 千克。成年大熊猫平均每天要用 12～18 个小时进食。

大熊猫一生都以竹子为主食吗？

▶ 年老的大熊猫由于牙齿不好，无法充分咀嚼竹子，所以在圈养环境下，饲养员会将竹叶加工成竹粉喂给老年大熊猫。

大熊猫吃竹子为什么不会扎到嘴？

熊猫小剧场

成又又： 老妈，你知道吗，今天好多朋友都在问我一个很"奇葩"的问题。

熊巧巧： "奇葩"的问题？还好多朋友问？我倒想听听，到底是什么问题。

成又又： 它们居然问我熊猫吃竹子为什么不扎嘴？这是不是有点拿我开玩笑的意思？它们怎么不问问自己为什么吃饭没被噎着？

熊巧巧： 别这么想。竹子那么硬，这世界上吃竹子的动物又太少，大家好奇也正常，没有恶意的。

成又又： 好吧，朋友之间开开玩笑好像也正常，但问题是我不知道怎么回答啊。

熊巧巧： 那我帮你分析一下，你找机会告诉它们答案。

　　大熊猫在漫长的进化中，由于越来越难以获取肉食，不得已改掉了自己肉食动物的"身份"。科学家对于大熊猫进食的各种细节，如进食偏好、进食量、进食速度甚至是把一节竹子咬成几小段、竹子各部位咀嚼几次等细节，都进行了详细的研究。

　　大熊猫在进食前，首先会像人类选购新鲜蔬菜那样对竹子进行挑选，尽量选择鲜嫩的吃。选好后，大熊猫会找个地方坐下，视竹子的长短，采用单前足或双前足的方式握住，然后像人类吃羊肉串或啃排骨那样把上面的叶子吃光。接下来就到了真正难啃的部分。通常来说，竹子上每一段的竹茎靠近竹节的部分比较难啃。就像人类吃鱼时会先挑出中间的大刺一样，大熊猫也会用强有力的臼齿从竹子上最难啃的部位咬开，然后从断口的位置开始剥去竹皮。这一步仍然很关键，毕竟就算是啃甘蔗，也没有人会连皮一起啃啊！最后哪怕是面对加工好的部分，大熊猫也会咬成小段入口。这个巧妙操作，虽然不能百分之百防止大熊猫在吃竹子时被扎嘴，但还是十分有效地保护了口腔。大熊猫吃竹子的方法，看上去就像用刀把竹子切成几节，被称为"咬切式"。

Q 除了大熊猫，还有哪些动物具备多样化的进食方式？

A 昆虫是世界上种类最多的动物。不同种类的昆虫喜欢的食物各不相同。昆虫的嘴巴称为"口器"。生物学家根据昆虫的进食方式，将它们的口器分为六个类型：咀嚼式、嚼吸式、虹吸式、刺吸式、刮舔式、舔吸式。

拥有咀嚼式口器的昆虫主要吃固体食物。螳螂、蝗虫都属于这一类昆虫，它们的口器和人类的嘴巴有点像。

拥有嚼吸式口器的昆虫代表是各种蜂类。它们用上颚吃花粉，用下颚吸花蜜。

趣味小问答

除了咬切式，大熊猫还会别的进食方式吗？

▶ 除了咬切式，大熊猫针对不同种类的食物还有三种进食方式：对于水和饮料等纯液体食物，它们会像小婴儿喝奶那样吸食，这叫"吮吸式"；对于粥一类的半流食，它们会把舌头当勺子舔食，称为"舔食式"；对于各种肉类、果类，以及窝头等硬度相对不太强的固体食物，它们会直接用门牙啃咬，然后放到臼齿上咀嚼，称为"啃咬式"。

卷曲的管子，可以吸食各种液体和熟透的果肉。

长有刺吸式口器的昆虫只能喝稀的。让我们讨厌的蚊子就长有刺吸式口器，它们的口器就像针管一样刺入人或者动物的身体。

和蚊子相比，同样靠吸血为生的虻则要粗暴许多。它们会先用剪刀一样的上颚刮破猎物的皮肤，再用针管一样的下颚刺入伤口，通过不断抽动让伤口无法闭合，然后开始舔吸。这类昆虫的口器是刮舔式的。

拥有舔吸式口器的昆虫的口器像蘑菇头。苍蝇就是拥有舔吸式口器的昆虫，它们进食的时候会把两片"嘴唇"覆盖在食物上

大熊猫吃素为什么还会这么胖？

 熊猫小剧场

 成又又：老妈，我有个重大决定——减肥！嗯，我的肚子里怎么在叫？

熊巧巧：你好端端的，为什么要减肥？你根本就不胖呀！哎呀呀……你的肚子叫的声音好大啊！你不是刚刚才吃完饭吗？

 成又又：我还不算胖？我们班的雪豹、岩羊、黄喉貂都是小蛮腰、大长腿，再看我这水桶腰，我站着都快看不见自己的脚尖了。这肚子怎么叫起来没完啦！我……我刚刚没吃……

 熊巧巧：那你打算怎么减呢？你这孩子，怎么能不吃饭呢？是不是身体哪儿不舒服了？

成又又：减肥当然就要少吃！还要多运动——我以后每天快步走一万米，吃饭只吃三成饱，而且坚决不沾竹子以外的食物。

 熊巧巧：那我建议你先找好医院，因为你这样肯定会生病。

　　如果你一看大熊猫圆滚滚的身材，就觉得它们是胖子，那可就大错特错了。科学研究发现，大熊猫的皮下脂肪其实不多，它们看上去胖主要是由于骨架大、肌肉多。

　　通常来说，人类身体肥胖主要是因为摄入太多含有脂肪和碳水化合物的高热量食物，如冰激凌、巧克力、油炸食品，同时运动量不够所致，一句话——吃得多，动得少。

　　大熊猫每天的进食时间很长，食量又很大，通常情况下平均每天移动距离却不超过 500 米。看起来，大熊猫的确符合成为"肥仔"的所有条件。然而，在大熊猫食谱中占据重要地位的竹子，其实热量很低。而且，虽然大熊猫以竹子为主食，但它们食肉动物的短肠道并不适合消化竹子。这样一来，竹子中的营养转化率就很低，大约17%。现在你大概已经能够理解，大熊猫每天从主食——竹子上摄入的热量其实仅仅

能够满足日常所需，基本没有剩余的能量转化成脂肪。

为了在残酷的自然环境中生存，动物们要么进化出彪悍的体形，要么锻炼出闪电般的捕食速度……而"熊家族"，当然也包括大熊猫在内，选择了前者。大熊猫的身体强壮，四肢粗壮有力，再加上黑白条纹显胖的缘故，看上去非常庞大，能够有效震慑天敌。

大熊猫显胖的另一个原因是，在粗壮身躯的衬托下，四肢显得短小。相关测量数据显示，大熊猫的肩高为 71～86 厘米不等，比雪豹、豹、鬃狼等大多数食肉动物都要高。

知识链接

Q 还有哪些动物看起来很胖？

A 成年河马体重超过 1 吨，看上去就像个超大号水桶：躯干庞大、骨骼粗大，还有发达的肌肉和厚厚的皮肤，头部、颈部和四肢都特别粗壮。我们都知道，脂肪最大的作用是储存热量，可是河马生活在炎热的非洲，所以河马虽然看起来很胖，但其实身体上的脂肪层很薄。

趣味小问答

为什么大熊猫的四肢很粗壮？

▶ 在历史上，大熊猫最主要的天敌是剑齿虎、华南虎以及大群的豺和狼，大熊猫通常需要爬到树上躲避危险。所以，它们进化出粗壮有力的四肢，可以带动庞大身躯快速攀爬。

动物大比拼 VS

属性	食肉目	偶蹄目
喜居环境	原始森林下方的竹林	有芦苇的河流、湖泊、沼泽
食性	竹子为主，搭配其他植物和肉类	主要吃水草和陆生草本植物，食物短缺时偶尔吃肉
共同特征	体形大、肌肉多、脂肪少	体形大、肌肉多、脂肪少

大熊猫的数量是怎么确定的?

大熊猫是我国特有的"国宝"级动物。为及时了解它们在野外的种群数量、栖息面积、生活情况等信息,我国从 20 世纪 70 年代开始组织全国大熊猫野外调查。

大熊猫野外调查大约每 10 年一次,如今已经进行了四次。为了让获得的数据更准确,我国的科研人员先后尝试了不同的调研方法。

成又又: 老妈,今天老师说我们大熊猫在野外有 1864 个兄弟姐妹,连零头都清清楚楚,太神奇了。

熊巧巧: 这是全国第四次大熊猫调查的结果,都是科研人员的工作成果。

成又又: 我们大熊猫也有人口调查?不对,熊口调查?

熊巧巧: 是啊,国家为了更好地保护我们,每 10 年就要对我们的野生种群数量进行一次普查。

成又又: 我们熊猫住在深山老林里,想见到都难,挨个数肯定不行,应该是有什么方法吧?

熊巧巧: 你说得对,这里面可是大有学问。

　　1974—1977 年以及 1988 年进行过两次大熊猫调查。当时，科研人员首先选择一定的区域作为调查范围，在该范围内沿着一定路线搜寻。他们以一路找到的大熊猫数量、区域面积等信息为依据，利用数学公式估算该地区大熊猫的大致数量。他们由此可以推测出整个保护区的情况。但是，野生大熊猫警惕性极高，通常很远就能闻到人和猎狗发出的气味，总是躲藏起来。而出于安全考虑，工作人员的目测距离不能太近，所以得出的结论准确性较低。

后来，科研人员的调研经验不断丰富，技术手段也不断进步和完善。从 1999 年的第三次调查开始，科研人员开始采用"距离区分法"和"咬节区分法"相结合的方式。这两种方法所研究的对象是大熊猫留下的各种信息要素，如粪便、尿液、毛发、洞穴、爪痕、足迹。科研人员在观察并记录下这些信息要素以后，通过计算机得出两个痕迹点之间的距离。如果两个点的距离超出了大熊猫正常的活动范围，研究人员就初步判断为这里不止有一只大熊猫出没。

　　大熊猫的领地会出现重合现象。当两个点的距离在正常的活动范围内时，研究人员就需要用"咬节区分法"来辅助研究。大熊猫吃竹子后，会把无法消化的竹茎直接排出。科研人员根据这些竹茎上残留的咬痕深度、宽度等情况，可以判断是否为同一只大熊猫所咬，进而推算大熊猫数量。这样的方法就叫"咬节区分法"。但大熊猫在有些季节只吃竹叶，也就不会在粪便里留下"咬节"，所以"咬节区分法"也是有短板的。

因此，在 2013 年开始的第四次调查中，科研人员在继续采用"咬节区分法"的同时，又用到了脱氧核糖核酸检测法。研究人员开始从收集到的大熊猫粪便中提取脱氧核糖核酸。由于不同的大熊猫几乎不会出现相同的脱氧核糖核酸，这种方法基本可以判断大熊猫的数量。不过，使用这种方法难度比较大，因为研究人员必须广泛收集新鲜、没有污染的粪便。所以，目前所给出的野生大熊猫数量都是估算值。

趣味小问答

为什么非要找没污染的新鲜粪便？

▶ 因为新鲜的粪便中含有大熊猫的肠道细胞，可提取脱氧核糖核酸。而细胞脱离大熊猫身体后超过一定时间就会死亡，很难提取有效的脱氧核糖核酸。

知识链接

Q 有哪些办法可以在相对较远的距离监测野生动物?

A 卫星追踪、GPS定位、无线电遥控、鸟类环志等。

49

哪里才是大熊猫心仪的居所？

物种选择最合适自己生存的地方，并对周围的一切加以利用从而方便自己生存的行为，被称为"生境选择"。不同的物种会根据自身特点，选择不同的生存环境。

大熊猫的食物中有 99% 是竹子。由于竹子的营养价值很有限，同时竹子也有不同的生长规律，为了维持身体所需的能量，它们在不同的季节会在海拔高低不等的竹林间穿梭。不同

熊猫小剧场

成又又：老妈，你这两天怎么总拿着地图看？

熊巧巧：我在给新家选址啊！

成又又：咱们大熊猫爱吃竹子。你找竹子多的地方就行了，竹子越多越好。

熊巧巧：你真这么觉得？那我带你去最茂密的竹林里走一圈，你自己感受一下吧。

成又又：好呀，好呀，我就喜欢竹子。

可是，它们走进竹林，不到一分钟就出来了——竹林太挤了，根本走不动。

熊巧巧：哈哈哈！你现在知道了吧，竹林不是越密越好。选择生活的环境可没那么简单。

海拔地区因气候差异，植物的生长节律也不同，"人间四月芳菲尽，山寺桃花始盛开"描述的就是这种情况。高海拔地区的竹笋出产时节也略迟于低海拔地区。例如生活在秦岭山系长青保护区的大熊猫，春天在海拔较低的巴山木竹竹林里生活用餐，夏季则会到相对凉爽、海拔更高的秦岭箭竹林里寻找新鲜的竹笋。这种在不同海拔地域间迁徙的现象被称为"撵笋"。

除了觅食，大熊猫在找寻伴侣和领地的过程中也需要迁徙，而且迁徙的距离通常较长。在迁徙的过程中，为了及时补充体力，大熊猫会尽量选择从竹林里穿过。对于大熊猫胖胖的身躯来说，过于密集的竹林显然不方便穿行。此外，单位面积内竹林过密，还会造成竹子过细、生长不佳，营养价值下降，口感变差。这样的竹林不但不好通过，竹子又难吃、又没营养，大熊猫当然不喜欢。

大熊猫最钟爱的环境是原始的林地，如由高大乔木组成的密度适中的落叶阔叶林、针阔混交林、亚高山针叶林都是大熊猫理想的栖息地。

趣味小问答 💬

有没有关于大熊猫迁徙路线的记载？

▶ 根据大熊猫身上的无线电项圈和安装在林地中的红外相机拍摄的情况分析，大熊猫"张想"从四川栗子坪自然保护区大洪山出发，到达 108 国道附近的擦罗乡上里村，随后途经魔子坪和紫马跨，最后抵达冶勒自然保护区玉儿坪，实现了跨越种群和保护区的迁徙。

Q 除了大熊猫，还有哪些动物为了觅食而迁徙？

A 角马生活在东非坦桑尼亚的塞伦盖蒂保护区。每年 6 月，这里进入旱季，水草变得稀少。此时，马拉河对岸的马赛马拉草原正好是雨季。为了吃饱，角马们会成群结队地过河去享用鲜美的水草。到了 10 月，马赛马拉进入旱季，塞伦盖蒂进入雨季，角马们又会返回来。除了角马，斑马和羚羊也会迁徙。

这样的林地下的竹林不会太稀疏，也不会太紧密。同时，栖息地附近最好有水源，竹子才能长得又粗又高，水分足。大熊猫喜欢在向阳或半阴半阳、坡度平缓的林地的中上部活动。如果找不到原始林地，大熊猫也会选择次生林或栽培时间超过 30 年的人工林。不管是哪种类型的林地，大熊猫都会尽量远离人类和畜群的活动区域。

选择好适宜的生存环境后，大熊猫会在那里生活。它的生活范围通常有 1~60 平方千米。之所以会有如此大的差距，其中一个原因是它们会不断迁徙，在不同的季节找寻不同种类的竹子。

为什么大熊猫喜欢"独居"生活?

　　动物群居或者独居是自然选择的结果。这种选择的目的是为了更好地生存和繁衍。选择的依据主要是动物的体形、食性、栖息环境、自身的生存技能、天敌威胁等诸多因素。

　　野生大熊猫平均体重大约 100 千克。它们生活在半开阔半密集的原始森林或次生林下方的竹林中，擅长爬树。它们选择独居的因素主要有以下两点：

　　从抵御天敌的角度讲。比大熊猫体形大的

 成又又：老妈，我遇到烦心事了。

熊巧巧：哦？什么事能让我们的开心果心烦啊？

 成又又：学校的老师说，等我长到 2 岁就不能跟你一起生活了！

熊巧巧：傻孩子，这是我们大熊猫的生活习性呀。以后你要去拓展自己的领地。

 成又又：生活习性？你讲给我听听。

食肉动物如剑齿虎、华南虎已经相继灭绝，群居的狼和豺不会爬树，擅长攀爬的豹和雪豹的平均体重比大熊猫轻了差不多一半，体形相当，同样会爬树的黑熊则以素食为主，并且不好斗，这些动物和大熊猫发生冲突的可能较小，所以大熊猫并不需要像鹿或羊等食草动物那样靠群体的力量对抗天敌。

很多动物，如果子狸、黄喉貂、狐狸、野猪等都可能在大熊猫妈妈不在身边的时候威胁幼崽的生命。可是，大熊猫幼崽通常在出生后 3~6 个月就会爬树，而且不听到妈妈的叫声不会下来。况且，大熊猫妈妈通常就在附近觅食，听到异常声音会马上回来救援，大熊猫幼崽的死亡率并不高。

从食性上说。以植物为主的饮食习惯让大熊猫不需要同伴帮忙就能吃到东西——它们最主要的食物是竹子，而竹子既不会跑，也不会反抗。由于竹子的营养

知识链接

Q 世界上群居动物的群体规模是一直固定不变的吗？

A 不是。很多动物都会根据需要增减群体的规模，例如狼、狮子、野牛、角马。

价值低以及大熊猫对植物的吸收能力差等原因，一只大熊猫每天至少要吃十几千克竹子才能维持正常活动所消耗的能量。如果在原本只有一只大熊猫生活的区域内出现好几只大熊猫，该区域内的竹子就会不够分。为了吃饱，大熊猫就需要走更远的路，这意味着消耗更多体能，为了维持体能，就得吃更多的竹子。假设一片竹林原本三天被大熊猫吃光，这样一来很可能一天就没有了。久而久之，竹子的生长速度肯定赶不上大熊猫吃竹子的速度。这会导致竹林面积大规模缩小，反过来导致大熊猫食物匮乏，形成恶性循环。

不过，圈养大熊猫的幼崽会出现群体生活的情况。幼年大熊猫的领地意识较弱，可以放在一起。进入发情期的大熊猫脾气比较火爆，若是再打架就可能造成致命伤害，此时就要让它们"分居"。

趣味小问答

大熊猫爸爸为什么不和大熊猫妈妈生活在一起？它们一个外出觅食，一个看护幼崽，幼崽不是更安全吗？

▶ 爸爸妈妈共同抚养宝宝的情况在大熊猫的世界里不会发生。因为除了发情配种期，雄性大熊猫会与雌性大熊猫交流信息、亲密接触，大部分时候，成年大熊猫是无法共同生活在同一区域的。

领地里的大熊猫

大熊猫的祖先始熊猫生活在至少 800 万年前的晚中新世的中华大地上。它们身体粗壮，体形和狐狸相当。它们拥有类似老虎、狮子等食肉动物那样的裂齿，而臼齿比较小，主要以肉类为食。

随后，由于地形、地貌和气候环境发生一系列巨变，大熊猫的祖先逐步尝试以竹子为食。到了大约 200 万年前的早更新世，一种全新的"小种大熊猫"出现了。和祖先始熊猫相比，它们的臼齿变得粗大，逐步适应了啃咬竹子这样坚硬的植物。

成又又：老妈，你怎么也开始拿着手机看起来没完呢？平时你不是教育我少看手机吗？

熊巧巧：这不马上要召开熊猫大会嘛，我在给各地的大熊猫朋友选购它们爱吃的竹子啊！

成又又：竹子就是竹子，还需要选吗？

熊巧巧：唉，你年龄小就是见识少。我们大熊猫能吃的竹子有 60 多种呢。每个地区的大熊猫都有自己爱吃的种类。

成又又：60 多种竹子？那么多？那你赶紧给我讲讲，都有哪些好吃的竹子。

　　此后相继出现巴氏大熊猫和现代大熊猫。它们的咀嚼能力进一步增强，所能食用的竹子种类也越来越多。生物学家根据地理位置，将现存大熊猫的生存空间划分为 6 大山系，共有大约 12 属 63 种竹子可以食用。每个山系的大熊猫都有自己偏好的竹子种类。生活在岷山山系的大熊猫首选缺苞箭竹，邛崃山系的大熊猫钟爱冷箭竹，相岭山系的大熊猫最爱峨热竹、冷箭竹，凉山山系的大熊猫爱吃八月竹，秦岭山系的大熊猫喜欢秦岭箭竹和巴山木竹。

大熊猫吃不同种类的竹子的部位也不同，例如吃箬竹时只吃竹叶，吃苦竹时只吃竹竿，吃刺竹和巴山木竹时最爱吃竹笋和竹叶……

不同的季节，大熊猫还会选择竹子的不同部位来食用：春夏主要吃竹笋，搭配竹叶和竹茎，秋天主要吃竹叶，竹笋和竹茎做辅食，冬天几乎只吃竹茎。

当然，各种竹子在大熊猫食谱中的占比也和它们各自的分布范围有关。如果把大熊猫所食用的 63 种竹子的分布面积看作一个整体，冷箭竹和缺苞箭竹大概占 40%，占大熊猫所有食物来源的七成。

除了各种竹，野生大熊猫也会少量摄入其他食物，比如各种植物的皮、叶、根、芽、果以及能抓到的各种小动物或碰到的大型动物尸体。它们有时也会偷袭家羊。圈养大熊猫的食谱会更加丰富。饲养员会为圈养大熊猫精心准备胡萝卜、苹果、南瓜、豆类、玉米、燕麦等各种食物，还有富含维生素、微量元素的爱心营养窝头。

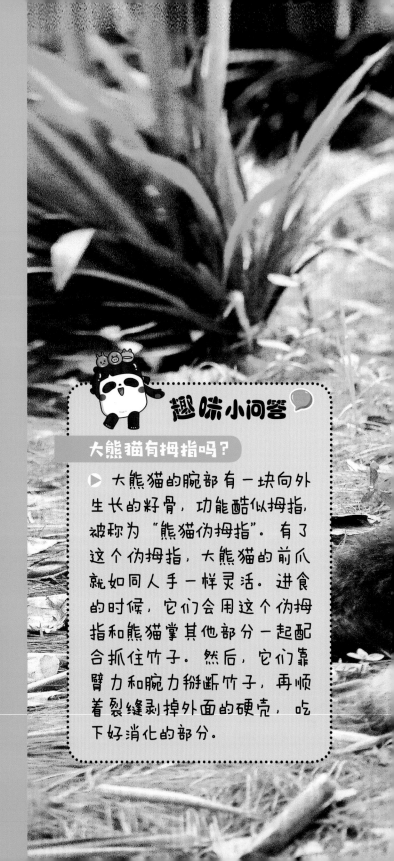

趣味小问答

大熊猫有拇指吗？

▶ 大熊猫的腕部有一块向外生长的籽骨，功能酷似拇指，被称为"熊猫伪拇指"。有了这个伪拇指，大熊猫的前爪就如同人手一样灵活。进食的时候，它们会用这个伪拇指和熊猫掌其他部分一起配合抓住竹子。然后，它们靠臂力和腕力掰断竹子，再顺着裂缝剥掉外面的硬壳，吃下好消化的部分。

Q 竹子还是哪些动物的最爱？

A 竹鼠，啮齿目竹鼠科竹鼠亚科的生物，按体形和身体特征分成小竹鼠属和竹

当领地被侵犯时，大熊猫会怎么办？

　　成年大熊猫体重约 70 ~ 125 千克，身体强壮。它的咬合力高达 589 千克。它的双臂特别有力，足以掰断钢筋。

　　大熊猫有如此好的身体条件，对于进入自己领地的同类或其他动物当然不会视而不见。通常情况下，大熊猫幼崽会由妈妈独立抚养两年左右，然后开始独立生活。为了让自己的孩子将来不吃亏，大熊猫妈妈会主动教习撕咬、掌击、贴身扭打这些格斗技巧。有时，大熊猫妈妈还会故意把孩子从树上拽下来，锻炼孩子的抗摔打能力。

　　大熊猫妈妈之所以如此煞费苦心，完全是因为深知野外生存不易。大熊猫在数

成又又： 老妈，今天真是气死我了！

熊巧巧： 咋啦？

成又又： 一群大熊猫小·鬼打群架，都上了人类的微博热搜了。这群熊孩子，真给咱们大熊猫"丢熊"。

熊巧巧： 哈哈，你说的那个视频我也看了。我觉得很好啊，这群小家伙已经开始练习防身术了。

成又又： 打架不是好孩子，为什么要学？

熊巧巧： 学会防身术，是为了在遇到紧急的情况时保护自己啊！

百万年的演化中逐渐变成了"独行侠"。独居生活最大的问题就是无法靠集体的力量来应对各种困难，如遭遇食肉动物的围攻、同类入侵等。因此，独居生活的动物通常更加谨慎，大熊猫自然也不例外。在野外，有经验的大熊猫在面对侵入自己领地的同类时，首先会打量对方的体形，预判彼此的实力差距，进而做出"攻击"或"躲避"的决定。所以，要想生存下去，大熊猫必须学习"打架本领"，以便在争斗中获胜。

请将下列相对应的选项连线

大熊猫妈妈会主动教孩子　　　　　　　　　　　　　　　　躲避或攻击

大熊猫独居生活是因为　　　　　　　　　　　　　　　　　撕咬、掌击、贴身扭打

有经验的野生大熊猫对进入领地的同类作何反应　　　　　大熊猫需要足够的栖息地

大熊猫的家有多大？

▶ 成年大熊猫的活动范围通常在 1～60 平方千米，称为"家域""巢域"或"领地"。

这么大的范围，大熊猫如何看护呢？

▶ 大熊猫的家虽然大，但并不是整个活动范围都需要守护。大熊猫只要看守住领地核心——水和食物等资源最为丰富、最适宜居住的地方就行。打个比方，大熊猫平时所活动的家域就相当于人类居住的小区或街道。家域中食物最充足、最适合居住的地方称为"领地"，相当于人类的家。

知识链接

Q 除了大熊猫，还有哪些动物独居？

A 在加里曼丹岛，虽然植物种类很多，但大多数缺乏营养。为了从少数的植物中获得足够的营养，生活在那里的红毛猩猩和大熊猫一样，选择独居生活。

大熊猫的左邻右舍都有谁？

金丝猴 》

金丝猴属于仰鼻猴属，国家一级保护动物，因长有一对朝天的鼻孔而得名。全世界共有 5 种金丝猴，全部栖息在亚洲。其中，川金丝猴是最早发现的种类，也就是整个仰鼻猴属的模式种。

一年中的大部分时间，川金丝猴栖息于海拔 2 000~3 500 米的亚高山针叶林。冬天，

 成又又：老妈，你今天让我写最珍贵的伴生动物，可我还是单身，没的可写啊！

熊巧巧：哎呀，又又你在想什么呢！伴生动物不是伴侣，是指和你生活在同一片栖息地的野生动物。

 成又又：那可太多了。

熊巧巧：是啊，我们大熊猫活动范围大，遇到的动物自然也多，比如金丝猴、小熊猫、金猫、豹猫等珍稀物种。

大熊猫可以杀死豹子吗？

▶ 食肉动物要杀死猎物或竞争者，主要靠犬齿给对方造成致命伤。大熊猫的犬齿较短，刺入的深度不够，再加上本身并不好斗，所以很难对大型食肉动物造成严重的伤害。但曾经有大熊猫打跑黑熊和豹子的记录。

川金丝猴则来到海拔更低，相对温暖的阔叶林和混交林中。川金丝猴过着几只到数百只数量不等的群体生活。它们以各种植物的果实、枝叶、皮和芽为食，有时也会抓昆虫补充蛋白质。

川金丝猴不是食肉动物，也不吃竹子。从伴生关系上说，川金丝猴和大熊猫是没有冲突的中立物种。

小熊猫 »

小熊猫是国家二级保护动物，主要栖息于中国南部、缅甸、印度、尼泊尔、不丹等。根据 2020 年 2 月的最新研究结果，小熊猫以雅鲁藏布江为界，可分为"中华小熊猫"和"喜马拉雅小熊猫"两个独立种。其中中华小熊猫在四川有分布，和大熊猫是伴生动物。

和大熊猫一样，小熊猫的前脚上的籽骨也特化成了"伪拇指"。之所以会有如此相似的结构，是因为它们同样喜欢吃竹笋和竹叶，需要抓握竹子。从这点上说，小熊猫和大熊猫属于趋同进化。

相关研究显示，在小熊猫的食谱中，竹叶和竹笋占到了95% 的比例。在伴生关系上，小熊猫和大熊猫属于"食物竞争种"。但非常有意思的是，小熊猫往往会在大熊猫的巢穴边筑巢，而大熊猫也不会驱赶。对大熊猫来说，体重不超过 6 千克的小熊猫"肚量有限"，吃不了多少，对自己影响不大。对小熊猫来说，跟大熊猫做邻居，可以大大降低被天敌攻击的概率。

金猫和豹猫 »

金猫和豹猫分别属于猫科中的金猫属和豹猫属，全都栖息于亚洲。金猫最大体重 15.8 千克，豹猫 7.1 千克，都是小型猫科动物。相比于体形稍大，并且群策群力的豺，这些单独行动的"小猫"对成年和亚成年大熊猫几乎毫无威胁。不过，它们出色的嗅觉、敏捷的身手却对大熊猫的幼崽威胁极大。

Q **大熊猫的邻里关系如何?**

A 大熊猫和邻居们的关系主要分三种。食肉动物会攻击幼年大熊猫和病弱的成
年大熊猫,属于需要提防的威胁物种。野猪、羚牛等动物会和大熊猫抢竹子,
破坏大熊猫喜欢的乔木,属于生存竞争关系。川金丝猴、小麝、鬣羚、斑羚和
大熊猫没有任何冲突,是和睦相处的好邻居。

大熊猫有哪些生存秘籍？

从目前的化石证据看，最早的大熊猫出现在大约 800 万年前的晚中新世，中国云南地区——禄丰始熊猫。始熊猫长有一对锋利的犬齿，上颌的最后一对前臼齿和下颌的第一对臼齿十分尖锐，闭合时能起到撕裂食物的作用。这样锋利的牙齿可以用来将肉食咬成小块。这些特征可以看出它们是一种肉食性或偏肉食性的杂食动物。

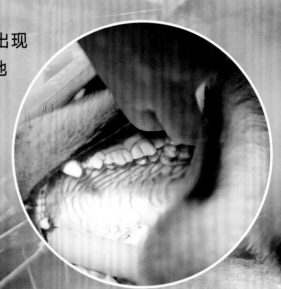

 熊猫小剧场

成又又：老妈，为什么总有人喜欢用"憨态可掬""可爱""卖萌""人畜无害"这些词形容我们？

熊巧巧：这说明人类喜欢咱们，对咱有好感啊。难道你想让他们管你叫"猛兽"？

成又又：咱们属于食肉目，本来就是猛兽啊，只是脾气好而已。其实我倒不是讨厌这些形容词，就是听起来总感觉好像在说咱大熊猫实力不强似的。咱明明可以靠实力，却被说得好像只能靠"颜值"。

熊巧巧：唉，确实有一些人认为我们生存能力差，说我们由吃肉改吃竹子是不敢和其他食肉动物竞争，是进化失败的动物。他们不了解我们或者对我们只是一知半解，才会形成这种错误认知。

　　至于说大熊猫的食谱为何从以肉为主变成了几乎纯素食，目前科学界还没有确定的答案。最新的主流观点认为：大约在 400 万年前的上新世时期，由于全球气候不断变冷，大面积的森林被草地取代。大熊猫那类似人类的跖行性（用脚掌走路）的行走方式在开阔地上很难追上猎物，进食重点开始转向植物。它们的身体也发生了一些适应性改变，例如臼齿变得更加宽大、品尝鲜肉的基因逐渐丧失等。

　　在此后的几百万年中，由于地球进入"冰河时代"以及人类发展对地球资源的占领，大熊猫的食性发生了第二次改变，从食用各种植物到几乎只吃竹子。它们的身体

也随着这种食性的转变再次发生了适应性改变。研究发现，大熊猫体内拥有 16 个用来品尝苦味的味觉基因，这使得它们对苦味异常敏感，可以轻易品尝出食物的苦涩程度。大熊猫对苦味很敏感，这可以帮助它们更好地选择竹子。因为很多植物会在自然选择中产生毒素，而毒素通常是苦涩的。

吃竹子面临的另一个问题是如何抓握。现代大熊猫的"手"上都长有由籽骨变长而成，和骨骼、肌肉相连的"伪拇指"。大熊猫用这个"指头"和五个指头相互配合，可以灵巧地抓住竹竿。有学者推测，大熊猫的"伪拇指"是身体随着它们吃竹子的行为演化出来并在漫长时间里趋于完善。

竹子的营养很有限，大熊猫必须不断地吃来满足身体的需求，这往往需要大范围地觅食活动，而大熊猫却采用了"少动"的策略来减少能量的消耗。大熊猫通常会选择沿着坡度平缓的竹林缓慢移动，走累了就停下来歇一会儿，先吃点东西再上路。

趣味小问答

大熊猫从什么时候开始对竹子情有独钟？

▶ 从不同时期大熊猫的化石中提取的同位素含量看，活跃在约 200 万年前的小种大熊猫就已经以竹子为主食了。

通常情况下，大熊猫每天的平均移动距离只有 300～500 米。

　　事实证明，大熊猫的这些改变是非常必要的。跟它们同时期的很多大型动物，例如剑齿虎、剑齿象、巨貘等都因为无法及时作出改变而灭绝。

知识链接

Q 除了大熊猫，还有哪些动物靠着少活动来保存体能？

A 生活在南美洲的树懒、生活在澳大利亚的考拉。

啦~

扫码观看视频

为什么说大熊猫是"早产儿"？

大熊猫幼崽刚出生时平均体重只有100克，看上去就像一只没长毛的小老鼠。而且大熊猫幼崽刚出生时内脏发育也不完全，甚至没办法维持体温和自主排便。科学家认为，这种现象是由于大熊猫幼崽的胚胎延迟着床造成的。

所谓"着床"，简单来说就是胎生哺乳动物的胚胎进入母体子宫内膜的情况。进入子宫内膜的胚胎会和母体的血管相连，通过吸收血液中的营养逐渐发育出胎盘、脐带，以及新生儿身体的各个部分。从着床的那一刻起，胎儿就

成又又： 老妈，刚才发生了一件事，让我觉得很没面子。

熊巧巧： 又出什么事了？

成又又： 听说我们班的小鸡、山羊都是一出生几个小时就会跑，而我刚出生时却连排便都不会，真是丢"熊"。

熊巧巧： 唉，这不是你一只大熊猫的事，我们大熊猫都是"早产儿"。

成又又： 早产儿？为什么？

开始吸收母亲体内的营养。

　　研究发现，大熊猫的孕期平均为 60~200 天。大熊猫胎儿在产前一个月左右才会着床，短短一个月的时间导致大熊猫胎儿无法充分吸收母体的营养，还没发育成熟就来到世间。

　　不让幼崽尽快着床吸收营养，并非大熊猫妈妈不顾忌后代的健康，反倒是为了更好地繁衍而形成的进化策略。自

知识链接

Q 大象体形大，又是群居动物，为什么它们的幼崽也是出生不久就能站立行走？

A 大象的食量很大，每天要走很远的距离才能吃饱。幼崽如果不能很快站立行走就会被饿死。

然界的生存条件恶劣，具有太多不确定性，这使得野生动物逐渐演化出了"斤斤计较"的生存策略。具体来讲，由于环境因素的影响，大熊猫妈妈无法时刻都得到充足的营养，为了确保在幼崽出生后自己能及时恢复体力照顾孩子，在怀孕期就不能过量消耗。

除了营养的需求，天敌也是影响野生动物幼崽出生后活动能力的因素。马、牛、羊等食草动物出生后很短时间就能站立甚至奔跑，因为它们获取食物相对容易，同时又时刻受到天敌的威胁，所以幼崽通常在母体内发育得比较成熟才会降生。老虎、狮子等食肉动物面临的情况则正好相反：天敌少，但得消耗体力捕捉或抢夺食物。母兽

怀着幼崽显然不利于奔跑、捕猎，就得早点分娩。大熊猫虽然以素食为主，但其体形足以应对大多数食肉动物。大熊猫的主食竹子营养不够，幼崽通过母体二次吸收的就更少。

基于上述两种因素，大熊猫幼崽还是尽快出生更有利。

趣味小问答

大熊猫宝宝出生后如何生长？

▶ 大熊猫宝宝出生1~2周后，长黑毛的地方开始变深。一个月左右慢慢长出黑色的耳朵、眼眶、腿和肩带，变得更像妈妈了；6~8周大时，大熊猫幼崽开始睁眼看世界并长牙。3个月的时候，大熊猫幼崽开始有爬行能力。6个月的时候，大熊猫幼崽长齐乳牙，开始吃竹笋。

大熊猫是熊还是猫？

自从 1869 年首次被科学发现以来，大熊猫在动物界中的分类就一直是争议不断的问题。以发现者阿尔芒·戴维（Armand David）为首的一批科学家认为大熊猫是一种熊，还有一部分学者认为大熊猫和小熊猫是一类。

大熊猫走路时五个脚趾全部着地，会留下有五个脚趾的足迹。这点和所有的熊科动物一样。猫科动物的前脚虽然也有五个脚趾，但前爪内侧的拇指不着地，所以无论前后脚的足迹都

成又又：老妈，我们大熊猫到底是猫科还是熊科？

熊巧巧：我们当然是熊科啊！

成又又：可我们的名字里为什么有个"猫"字呢？

熊巧巧：蜗牛的名字里还有"牛"字呢，壁虎的名字里还有"虎"字呢。有些动物的名字和它们的类别没有关系。

成又又：那我们大熊猫是根据什么被分到熊科的呢？

熊巧巧：这个说起来还真有点复杂。

只有 4 个趾印。大熊猫的尾巴长度为 8～16 厘米，其他熊科动物的尾巴平均长度也都不到 20 厘米。而猫科动物全都是食肉动物，为了在追踪猎物时维持身体平衡，它们的尾巴普遍较长，都超过 20 厘米。从食性上说，大熊猫很少吃肉，其他熊科动物也只有北极熊是以肉为主。从四肢的灵活度上说，大熊猫的锁骨和所有熊科动物一样灵活。不过，大熊猫也有些不同于其他熊科动物的特征，例如手足腕部两侧都有一块延长的骨头、不冬眠等。这些特征都显示大熊猫和熊有关，但关系似乎又不是很紧密。

随着分子学技术的发展，生物学家开始尝试从亲缘关系的角度研究动物。研究人员通过基因组测序和脱氧核糖核酸研究，发现包括大熊猫在内的所有熊科动物都有一个名叫"祖熊"的共同祖先，大熊猫在熊科中独立成为一个亚科。

最初的研究者为何认为
大熊猫和小熊猫是一类？

▶ 大熊猫和小熊猫都有吃竹子的习惯，部分骨骼和牙齿的特征相似。小熊猫的前足上也有一个伪拇指，和其他指头配合抓握竹子。但随着研究的深入，生物学家发现大熊猫和小熊猫也存在着诸多差异，比如小熊猫无法像大熊猫那样咬开坚硬的竹茎，只能吃竹笋和竹叶。

知识链接

Q 除了大熊猫，还有哪些动物的名字容易在类别上引起误会？

A 长颈鹿虽然有个"鹿"字，但并不是鹿科，而是自成一个科——长颈鹿科。藏羚羊虽然名叫羚羊，但在分类上属于牛科中的羊亚科，并非羚羊亚科。

趣咪小问答

为何要给动物分类？

▶ 18世纪，瑞典博物学家卡尔·林奈（Carl von Linné）发现，当时的很多生物都没有统一的命名和归类，以至于研究起来非常困难。他在自己编写的《自然系统》（System Nature）一书中提出了"属名＋种名"的双名法命名规则。他还根据骨骼形态的相似程度，将动物分为界、门、纲、目、科、属、种七个分类级别。后来这一分类方法被不断完善，又陆续加入了如亚科、亚种等级别。两种动物所属类别中相同的名称越多，相互间的相似性也就越大。例如，大熊猫、北极熊、黑熊同属于动物界脊索动物门哺乳纲食肉目熊科，但是再往下分，大熊猫为大熊猫亚科，而北极熊和黑熊共同组成熊亚科。所以，北极熊和黑熊的关系要比和大熊猫的近。

为什么说大熊猫是中国独有的?

中国是目前世界上唯一拥有野生大熊猫的国家。古生物学家通过化石发现,除中国外,大熊猫还曾分布于欧洲,不过后来灭绝了。为什么中国的大熊猫能幸存下来,欧洲的却灭绝了呢?科学家认为这主要和自然环境以及人为因素有关。

成又又：老妈，今天班里来了个新同学。它明明是大熊猫，却非说自己出生在国外，你说怪不怪？

熊巧巧：大熊猫就不能出生在国外？孩子，这我得批评你孤陋寡闻了。

成又又：外国也有大熊猫？

熊巧巧：外国确实有大熊猫，但这些大熊猫几乎都是中国籍。

成又又：你又没调查过，怎么知道它们都是中国籍？

熊巧巧：这不需要调查，是历史和相关原因造成的必然结果。

自然环境方面：在第四纪冰川期结束后的间冰期里，中国复杂多样的地理环境有效阻隔了冰川扩张。局地的小气候可以给大熊猫提供绝佳的避难所。但是欧洲的大熊猫小伙伴就没有这么幸运了，它们就是因为冰川扩张而灭绝的。

人为因素方面：大熊猫在中国有"国宝"之称。从 1957 年开始，中国将大熊猫作为国礼赠予那些与中国保持良好外交关系的国家和中国希望与之建立外交关系的国家。这种情况一直持续到 1982 年。1982 年以后，野生大熊猫数量不断下降，为响应保护濒危动物的全球性号召，中国在就地保护之外，也成立了专门用来研究和保护大熊猫的迁地保护机构。科研人员通过不断提升人工繁育技术，使得大熊猫数量止跌回升。同时，中国对外只进行国际合作繁育研究，不再赠送大熊猫。在国外出生的大熊猫也必须在它能够独自生活之后送回中国。

野生大熊猫的栖息地在中国。圈养大熊猫的所有权在中国。从这两点上说，大熊猫是中国特有的，几乎所有大熊猫都是中国籍。

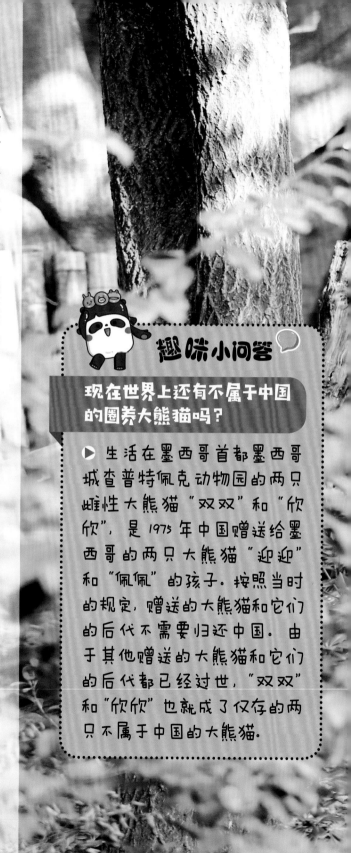

趣味小问答

现在世界上还有不属于中国的圈养大熊猫吗？

▷ 生活在墨西哥首都墨西哥城查普特佩克动物园的两只雌性大熊猫"双双"和"欣欣"，是 1975 年中国赠送给墨西哥的两只大熊猫"迎迎"和"佩佩"的孩子。按照当时的规定，赠送的大熊猫和它们的后代不需要归还中国。由于其他赠送的大熊猫和它们的后代都已经过世，"双双"和"欣欣"也就成了仅存的两只不属于中国的大熊猫。

趣味小问答

除了大熊猫，还有其他动物在国际友好关系上发挥作用吗？

▶ 印度、越南、斯里兰卡曾分别把亚洲象赠送给中国。新西兰赠送过几维鸟给中国浙江杭州动物园。2006年，澳大利亚赠送6只考拉给中国。2014年，蒙古赠送两匹蒙古马给中国。同年，津巴布韦赠送两只非洲狮给中国。

▶ 1961年，苏联领导人赫鲁晓夫曾赠送给美国总统肯尼迪一条名叫"绒毛"的狗。

为什么要进行大熊猫野化放归研究?

和所有动物一样,外表憨厚的大熊猫同样是大自然生物圈中的一员。早在 800 万年前,始熊猫就已经开始在中国云南的高原林地中自由奔跑。生活在 100 万年前的巴氏大熊猫,栖息地已经遍布我国的长江、黄河、珠江三大流域,甚至北京周口店以及湄公河流域也有它们的活动

成又又:老妈,我听几个小伙伴说,它们在参加野化放归研究呢,要求可严了。

熊巧巧:为了让我们圈养大熊猫能在野外生存,不严苛不行啊。

成又又:这我就不明白了,我们都会吃竹子、爬树这些本领,为什么还要浪费时间和体力训练啊?

熊巧巧:野外生存不是你想象的那么简单。我问你,你知道怎么找水喝,怎么辨别天敌的气味和声音吗?

成又又:哎呀,你这不是为难我嘛!我们喝水都是饲养员给送呀,根本用不着自己去找。

熊巧巧:哈哈,野外可没人给你送水!你必须学会自己找水。

迹象。相关模拟计算和化石证据显示，当时大熊猫的分布范围是现在的 3 倍。

进入全新世后，受到环境变化和人类活动等诸多影响，大熊猫的栖息地逐渐缩小，目前仅剩下四川中西部、陕西南部、甘肃南部地区。而且，大熊猫的数量也仅剩下不到 2 000 只，分属于 33 个局域种群，其中 10 个种群的数量不足 10 只，濒临灭绝。

把圈养大熊猫放归野外，不仅能尽量打通不同种群大熊猫之间互动的地理障碍，还能让它们去壮大当地大熊猫种群。这些被放归野外的大熊猫肩负着重要的使命，不仅要能够在野外独立生活，还要想办法建立领地，和当地的野生异性伙伴实现基因交流，繁育出后代。这样才能算真正为当地的大熊猫种群补充了"新鲜血液"。

知识链接

Q 除了大熊猫，中国还有哪些通过野化放归增加数量的珍稀动物？

A 朱鹮、普氏野马。

大熊猫为什么被称为"活化石"和"子遗生物"？

成又又：老妈，我听说"鸟类可能是恐龙演化来的"。

熊巧巧：这个观点早就有了。近些年发现了大量长羽毛、长翅膀、没有牙齿，和鸟类生活习性类似的恐龙，脱氧核糖核酸证据也支持这个观点。

成又又：恐龙变成鸟？这也太神奇了。那你说，咱们是从什么动物演化来的呢？

熊巧巧：咱们？咱们大熊猫就是从大熊猫演化来的啊，要不怎么说咱们是"活化石"和子遗生物呢！

成又又："活化石"是什么意思？子遗生物又是什么意思？为什么这么称呼我们？你快告诉我。

熊巧巧：你问题太多了，容我慢慢讲。

大熊猫是动物界的"活化石"和孑遗生物。那么什么是"活化石"和孑遗生物呢？自然界的某些物种，在现实中找不到与之近似的物种，但在化石中可以找到形态相似的。而且这样的物种从最早独立演化的祖先开始，形态模样上几乎没有任何改变。那么，这样的物种从化石证据看演化过程呈现一条直线，没有分支，也几乎没有中断。从物种的起源和演化的角度说，这样的物种就可以被称为"活化石"。"孑"的意思是单一。如果某一物种在历史上曾广泛分布，数量众多，到了现代却出现数量锐减，栖息地大幅度变小的情况，就被称为"孑遗生物"。

知识链接

Q 除了大熊猫，还有哪些生物是孑遗生物？

A 动物界的扬子鳄、江豚、中华鲟、鸭嘴兽等；植物界的银杏、水杉等。

概括起来，孑遗生物一定是"活化石"，而"活化石"不一定是孑遗生物。

从现有的研究证据看，大熊猫的祖先始熊猫在大约 800 万年前从熊科动物的共同祖先中独立出来。从那时起，大熊猫开始单独演化，历经小种大熊猫、武陵山大熊猫、巴氏大熊猫，一直到现代大熊猫。大熊猫的模样、身材一直没有发生过大改变。人们看到现代大熊猫就能想到它们祖先的样子。从时间上说，始熊猫出现于中新世晚期和上新世，小种大熊猫出现在更新世早期，武陵山大熊猫出现在更新世早期和中期，巴氏大熊猫出现在更新世中期和晚期以及全新世早期。现代大熊猫出现在全新世早期，大熊猫的演化过程几乎没有中断，可以称得上"活化石"。考古证据显示，大熊猫在历史上曾经活动于中国的西南、西北、华南、华中、华北甚至中国之外的缅甸，现代却仅剩下四川、陕西、甘肃的部分区域，栖息范围已经大面积缩减，符合孑遗生物的概念。

趣味小问答

哪些生物是"活化石"，却不是孑遗生物，它们有什么特点？

▶ 那些打在地球上出现，身体就几乎没有变化，且数量一直很多的生物可以称为"活化石"，但不是孑遗物种，例如文昌鱼、蟑螂等。

大熊猫的祖先究竟来自哪里？

自从 1869 年，大熊猫被法国学者阿尔芒·戴维科学发现起，大熊猫就迅速在全世界走红。在此后半个多世纪里，陆续有大量的大熊猫和大熊猫标本被运送到国外，但发现的化石却很少。直到 1942 年，古生物学家克雷佐（M. Kretzoi）在匈牙利发现了一块酷似大熊猫的化石。在进行了分析研究后，他将其命名为"葛氏郊熊猫"。葛氏郊熊猫化石所属的地层是距今约 700 万年前的晚中新世。它的牙齿特征和现代大熊猫相似。由于此前发现的大熊猫化石都在 100 万

成又又： 老妈，下周就是清明节了，你会带我们去祭扫吗？

熊巧巧： 哈哈，难得我们又又这么有孝心。不过你知道咱们的祖籍是哪里吗？

成又又： 当然了，我还知道那里有一大片竹林，里面的竹笋咬一口，满嘴汁水，真是好吃极了。

熊巧巧： 哎，原来你是想去解馋。

成又又： 开个玩笑嘛。其实我在历史书上看过，咱们的祖籍在云南禄丰。

熊巧巧： 没错，书上是这么写的，但现在也许又会有变化。唉，咱们大熊猫祖籍的问题还真是一波三折。

趣味小问答

要想证明大熊猫的祖籍在哪，还需要哪些证据？

▶ 科学家需要在更多时间相近的地层中发现更多的化石。而且，科学家最好能从中提取脱氧核糖核酸和现代大熊猫做比较，这样才能整理出完整的大熊猫演化过程。

年左右，不少学者根据这两点认定葛氏郊熊猫是现代大熊猫的祖先，大熊猫起源于欧洲，生活在中国的大熊猫是后来迁徙过去的。

这样的认知一直持续到 1989 年。中国学者吴汝康等人在云南禄丰发现了一些史前大熊猫的化石。年代测定显示，这些化石距今约 800 万年，比葛氏郊熊猫早了大约 100 万年。中国学者进一步仔细比较了所有发现的大熊猫化石，以及现代大熊猫的骨骼特征。他们认为新发现的化石和年代更晚的小种大熊猫、巴氏大熊猫，还有现代大熊猫在牙齿上具有更多相似之处，和葛氏郊熊猫的不同点更多。

　　根据这些研究，科学家将新发现的化石命名为"禄丰始熊猫"。"禄丰始熊猫"中，"禄丰"为种名，指代发现地云南禄丰盆地，属名"始熊猫"的含义是熊猫始祖。两年后的 1991 年，中国学者又在云南元谋地区发现了始熊猫属的另一个成员。他们研究化石后发现，这是一只生活在距今 700 万年前的始熊猫。科学家将其命名为"元谋始熊猫"。

　　这样的发现完全颠覆了学术界的认知。生活在云南的始熊猫成了现代大熊猫的直系祖先，大熊猫从独立演化开始就一直居住在华夏大地上。欧洲的葛氏郊熊猫只是中国大熊猫的史前旁系亲属，没有留下任何后代。

　　2012 年和 2017 年，科研人员相继在西班牙和匈牙利发现了距今 1 000 万年以上的大熊猫牙齿化石。这再次引发了大熊猫起源之争，有些学者认为这些化石只是大熊猫祖先在欧洲的亲戚，也有的认为它们就是现代大熊猫的祖先。

　　目前，学术界还没有太多的证据说明大熊猫究竟起源于哪里。但中国是世界上唯一拥有野生大熊猫的国家，这确实是无法改变的事实。这说明在史前时代，只有中国的环境最适宜大熊猫生活。

知识链接

Ⓠ 除了大熊猫，还有哪些动物的起源有争议？

Ⓐ 现代人在生物学上属于灵长目人科人属智人种。关于智人的起源目前有"非洲起源"和"多地起源"两种观点：前者认为在 20 万年前，一群史前人类走出非洲来到世界各地，在生存竞争中淘汰了当地的原始人，成为现代人的祖先；后者则认为这些走出非洲的人只是融合到了当地人中，各个地方的现代人体内依然拥有本地区更古老原始人的基因。

大熊猫有哪些独特性格？

别看大熊猫宝宝都很珍贵，它们的妈妈可完全不会溺爱它们。为了让孩子长大后能够应对大自然中的种种困难，大熊猫妈妈会在它们几个月大的时候就开始从易到难地教习各种生存技能。除了爬树、辨别方向、分辨食物、吃竹子、躲避天敌这些最基本的技能，大熊猫妈妈还会对大熊猫宝宝进行很重要的抗摔打练习。这样做的目的是在出现危险情况时，如从树或山坡意外滚落，降低受伤

 成又又： 哎呀，大事不好了！

熊巧巧： 刚睡会儿午觉就让你吵醒了。怎么啦，什么事啊？慌慌张张的。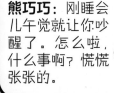

 成又又： 我刚才看到了可怕的一幕，一个大熊猫妈妈在虐待自己的孩子。老妈，咱们赶紧报警吧！

熊巧巧： 报警也得跟警察叔叔说明情况啊，你先告诉我到底怎么回事。

 成又又： 大熊猫妈妈把孩子从树上拽下来了，还又推又打。

熊巧巧： 哎呀，这根本不是什么虐待，而是我们大熊猫独有的帮孩子提高抗摔打能力的方式啊！

的概率，减轻受伤程度。当大熊猫幼崽爬到一定高度时，大熊猫妈妈用嘴叼住幼崽的尾巴或后背上的毛发，同时两只前臂做一定的辅助保护。和所有熊科动物一样，大熊猫的骨骼密度很大，厚实的肌肉和皮毛非常结实。所以在抗摔打练习中，大熊猫幼崽圆滚滚的身体能起到缓冲作用，再加上妈妈的细心保护，大熊猫幼崽完全不会摔伤。大熊猫妈妈在帮助幼崽学习格斗技巧时，有时用爪子拍打，有时用嘴或肩膀撞，有时会叼住幼崽的某个部位在地上拖行。不过在这些训练中，大熊猫妈妈会把握好力度，确保幼崽不会受伤。

大熊猫妈妈训练幼崽的场面看上去有些"不讲情面"，但大多数大熊猫妈妈绝对算得上称职的好妈妈。在圈养环境下，一些母性较强的大熊猫妈妈会接受并抚养无血缘关系的幼崽。这在独居动物中并不多见。

知识链接

Q 还有哪些动物有类似大熊猫摔打幼崽的"狠心"行为？

A 秃鹫的巢穴在陡峭的悬崖上。它们会在幼鸟长到 6 个月的时候，开始教幼鸟学习飞行。如果幼鸟不敢飞，秃鹫妈妈就会把它推下去，帮它克服恐惧的心理。

趣味小问答

大熊猫小时候有什么特别的地方？

▶ 大熊猫的幼崽虽然个头很小，身体非常虚弱，但叫声却很洪亮，就像婴儿的啼哭声。

大熊猫如何找寻伴侣？

在野外，大熊猫通常 5 岁半到 7 岁半达到性成熟，也就是到了可以"婚配"的年龄。大熊猫每年只发情一次，时间为 3 月到 5 月。在这段时间内，成年的雌性大熊猫身体会散发出发情期特有的气味，叫声也和平时不一样。闻到气味和听到声音的成年雄性大熊猫就会赶过来。

等到雄性大熊猫聚集到一定数量，雌性大熊猫就爬上树准备看好戏。此时，雄性大熊猫的表演就开始了。与情敌竞争又分成两个部分。野生动物生存不易，深谙"以小博大"的道理，大熊猫自然也不例外，所以它们首先会发出类似狗的吠叫声，并尽量提高

成又又：老妈，能不能别总给我安排相亲，弄得我好烦！

熊巧巧：你天天拿手机拍美女，怎么还不想找对象？

成又又：我只想一辈子自由自在，吃吃竹笋、看看美女，可不想被生活所累。

熊巧巧：孩子啊，成家立业，为人父母其实也是很幸福的事。

成又又：那多大算到了婚配年龄啊？伴侣又该怎么找？

熊巧巧：这个很复杂，要分野生大熊猫和圈养大熊猫两种情况。

107

知识链接

Q 自然界有没有雌性动物为了争夺雄性动物而发生打斗的情况?

A 由于盗猎羚羊角导致雄性赛加羚羊数量稀少，雌性赛加羚羊之间会为了争夺配偶而开战。

嗓门儿。这一方面是警告周围的雄性伙伴，另一方面也是向心仪对象证明自己：看，我的叫声多么洪亮，我的身体多么强壮。如果警告没用，真正的"比武"环节就开始了。在荷尔蒙的刺激下，这些雄性激素分泌旺盛的参赛者都会充分施展自己的格斗本领，毫不客气地攻击对手。树上的雌性大熊猫也会不时为雄性大熊猫"加油"。这样做并不是"看热闹不嫌事大"，而是要通过延长"考核"时间，选出最优秀的伴侣，以便于

趣味小问答

大熊猫会从一而终吗？

▶ 在野外，雌性大熊猫为了增加生育的可能，在发情期内通常都会选择几个伴侣。这也有利于雄性大熊猫传播自己的基因。

产下强壮的后代。

等打斗结束后，获胜者会再次发出叫声，向心仪对象表白。如果雌性大熊猫接受了，就会发出类似羊叫的声音。接下来，就是双方的美好时光了。

圈养大熊猫找伴侣，饲养员首先要查阅"大熊猫谱系表"。"大熊猫谱系表"诞生于 1991 年，此后又被不断完善。这是圈养大熊猫的身份档案，上面记录着所有圈养大熊猫的姓名、编号、出生时间、出生地点、父母情况等信息。科研人员根据这个表上的信息，在发情期来临前就为每只适龄大熊猫选择相亲对象，原则是血缘关系越远越好。科研人员选择好后会先安排双方隔着笼子交流，确认双方都接受对方后才会打开笼门，让彼此亲密接触。

大熊猫家族曾经有哪些成员？

自从祖先和其他熊科动物分家后，大熊猫家族已经在地球上生存了800万年。除现代大熊猫外，史前大熊猫可分为1科1亚科、2属、3种、2亚种。

"1科1亚科"指的是所有大熊猫都属于熊科熊猫亚科。"2属"指的是以食肉为主的"始熊猫属"以及几乎只吃素的"熊猫属"。"3种"指的是始熊猫属内的"禄丰种""元谋种"、熊猫属的"小种大熊猫"。"2亚种"指的

成又又：书上说史前有智人、直立人、能人、匠人等十几种人，是真的吗？

熊巧巧：是的。根据相关统计，人属动物共有17种。不过除智人以外，其他16种都已经灭绝了。现代人全都属于灵长目人科人属智人种。

成又又：17种？这也太多了吧！幸亏我们大熊猫家族成员少，要不然考试的时候可真不好背。

熊巧巧：哈哈，我们大熊猫虽然不像人类那样多类别，但历史上也有好几类呢！

成又又：那你快给我讲讲都有谁？

熊巧巧：容我慢慢道来。

是现代大熊猫中已经灭绝的"武陵山熊猫"和"巴氏大熊猫"。

禄丰始熊猫生活在大约 800 万年前。元谋始熊猫生活在大约 700 万年前。元谋始熊猫的个头比禄丰始熊猫略小，体形和牙齿特征更接近熊猫属。

小种大熊猫生活在大约 250 万年前。化石由我国的著名考古学家、曾发现"北京人"头盖骨的裴文中先生于 1962 年发现并命名。从名字上不难想到，这是一种体形较小的大熊猫。从出土的化石看，小种大熊猫的体形是大熊猫家族里最小的，只有

现代大熊猫的一半左右。小种大熊猫广泛分布于两广、四川、陕西等地，是著名的"大熊猫—剑齿象动物群"中的一员。它们分布的区域和后期的大熊猫没太大差异，身体也没太大变化，所以主流观点认为它们是正常发育的物种。

武陵山大熊猫化石发现于1982年，以发现地所在山脉命名。武陵山大熊猫生活在大约160万年前，牙齿和体形都比小种大熊猫大，比巴氏大熊猫小，是两者之间的过渡类型。巴氏大熊猫生活在大约70万~10万年前，成年后体长可达2米，是目前已知所有大熊猫中体形最大的。它也是大熊猫家族中分布范围最广、化石最丰富的成员。从化石内提取的同位素含量看，巴氏大熊猫对各种植物的摄取更平均，并非几乎只以竹子为主。从身体特征看，巴氏大熊猫是现代大熊猫的史前亚种，因此有时也被称为"大熊猫巴氏亚种"。

知识链接

Q 物种之间的种和亚种是如何区分的？

A 主要参考骨骼的不同之处、基因的分化程度、染色体数量、分布范围有没有地理隔绝等等诸多因素。

巴氏大熊猫为什么会成为体形最大的大熊猫？

▶ 巴氏大熊猫生活的时代的气候有助于长出体形更大的动物。此外，当时凶猛的食肉动物也多，较大的体形可以更好地自卫。

大熊猫为什么能生存800万年之久?

　　和其他熊科动物一样,大熊猫对环境的适应能力很强。祖先由吃肉改吃竹子,恰恰是对这一点最好的证明。史前大熊猫的化石主要出土于"大熊猫—剑齿象动物群"。这是一个发现于中国南方,存在于距今约78.1万—12.6万年的动物化石群。该化石群中的大部分物种,如剑齿象、剑齿虎等都已灭绝,大熊猫却凭借改变进食习惯的办法存活下来。

　　一些人认为大熊猫生存能力差,主要是觉得它们繁殖能力差。毕竟相对于格斗,繁衍为传承物种做的贡献更大。雌性大熊猫的繁育年龄在6~20岁,平均每3年可产

成又又:老妈,我想到一个问题:为什么同时期的很多大型动物都灭绝了,我们大熊猫却能活下来?

熊巧巧:哈哈,给我们喜欢思考的又又点个赞。请问,你想出答案没有啊?

成又又:还没有,不过我敢肯定不是因为可爱,在大自然生存得靠实力和运气。

熊巧巧:不错,你能意识到这点就很了不起。

成又又:可我还是不大明白,如果说实力,剑齿虎、披毛犀全都比我们厉害,可它们都消失了。

熊巧巧:实力包括很多方面,可不单单是块头啊!

2 胎，或者一生可产 10 胎左右。一只幼崽成长到能够独立生活的概率为 70%～90%，这一点和其他熊科动物相差无几。著名大熊猫专家潘文石教授研究发现，大熊猫的数量每年增长 4.1%。

能做到这一点和大熊猫向来坚持"优生优育"有关。大熊猫虽然不懂得近亲结婚的危害，但近亲繁殖导致后代体质较弱，不容易存活，以至于逐渐消亡的情况出现，使得它们做出了到更远的地方去找寻配偶的决定，并将这一习惯一代代传承下去。

因此，每到发情交配季节，性成熟的大熊猫都会跋涉上千千米去找寻"真爱"。有时，雄性大熊猫之间会为了得到心仪的雌性大熊猫而大打出手。不过，雄性大熊猫即便是打赢了也要接受雌性大熊猫进一步的考验，通过了才能开始交配。为了提高繁殖成功的概率，无论是雄性大熊猫还是雌性大熊猫通常都会和几只异性交配。

刚出生时的大熊猫幼崽平均体重只有100克，还没有一个成年人的手大。粉嘟嘟的皮肤上只有一些稀疏的短毛，根本无法起到御寒或防晒的作用，其免疫力几乎是零。它们也没有力气自己排便。此时，大熊猫妈妈会轻轻叼起幼崽，准确说应该是用嘴含着，把幼崽放到自己的心窝处为其保温。大熊猫妈妈还会通过舔舐幼崽全身，特别是腹部下方的办法助其排便。

除了外出觅食，大熊猫妈妈在其他时间几乎寸步不离地守护着幼崽，让它们免

趣味小问答 💬

大熊猫行动速度这么迟缓，遇到危险怎么办？

▶ 大熊猫为了省体力，会故意放慢速度。真要是遇到危险，它们能以 50 千米／时的速度飞奔。

117

遭其他动物的伤害。

大熊猫能够活下来的另一个重要原因，就是改变了自己的食性，同时有效地减少了消耗。虽然要长途跋涉觅食和寻找配偶，但大熊猫却找到了很好的办法来避免能量过度消耗，那就是少动，再走慢一点。

知识链接

Q 史前时代和大熊猫生活在一起的大型动物除了剑齿虎、披毛犀，还有哪些？

A 剑齿象、布氏巨猿。

第 **4** 章
保护 "国宝" 大熊猫

扫码观看视频

大熊猫为什么是"国宝"？

　　"国宝"的意思就是国家的宝贝。大熊猫是中国特有的野生动物，仅生活在中国的四川、甘肃、陕西的部分地区。大熊猫数量稀少，野生大熊猫的数量不足 2 000 只。从科学研究的角度看，大熊猫是从远古时代走到现代的"神兽"。它们的祖先以肉食为主，为了适应环境的改变，现在的大熊猫已经变成几乎只吃竹子的动物，被誉为动物界的"活化石"。大熊猫繁育后代的方式非常与众不同，虽然宝宝会延迟着床，但出生后生长速度就非常快了。这些独特的生物特性让全世界的科学家都

 成又又：我的妈呀，可算到了午休时间了！累死我啦！

熊巧巧：又又，你可是"国宝"，注意点形象好不？

 成又又：老妈，你说为什么人们要说我们是"国宝"呢？

熊巧巧：这要从几方面来说。

Q 其他国家有哪些"国兽"？

A 俄罗斯的"国兽"是北极熊，澳大利亚的"国兽"是袋鼠，意大利的"国兽"是狼，印度的"国兽"是虎，加拿大的"国兽"是欧亚海狸。

有很浓厚的研究兴趣。

另外，大熊猫黑白相间的身体和中国古代的太极阴阳鱼很像。关于大熊猫的介绍甚至进入过《诗经》《史记》等经典，大熊猫很早就和中华民族的文化产生了联系。很多外国友人都是通过大熊猫对我国产生了兴趣。

基于以上原因，人们普遍认为大熊猫是我国的"国宝"。

趣味小问答

除了"国宝"，大熊猫还有哪些荣耀十足的称呼？

▶ "国兽"，也就是一个国家最有影响力的兽类。

世界自然基金会为什么要以大熊猫作为徽标？

　　世界自然基金会（World Wildlife Fund）成立于 1961 年，是在全球享有盛誉的、最大的独立性非政府环境保护组织之一。这个组织主要致力于保护生物多样性以及生物的生存环境，减少人类对地球环境的影响。世界自然基金会的创立者是英国著名生物学家朱利安·赫胥黎（Julian Sorell Huxley）。他在 1960 年随联合国教科文组织到东非考察，目睹了人类盗猎及破坏野生动物栖息地的行为。为了唤起公众保护环境、爱护野生动物的意识，他将自己的所见写到报刊上，引起了强烈反响。1961 年 11 月 23 日，朱利安·赫胥黎和一些科学家及有识之士一起在瑞士小镇格朗成立了世界

成又又：号外号外，我的特写上报纸了！

熊巧巧：嗯？还有这事？快给我看看！

成又又：这儿呢！你看，这画的是我没错吧！

熊巧巧：又又啊，不是我打击你，这是"世界自然基金会"的徽标，但这上面的大熊猫真不是你。

成又又：唉，真扫兴，不过反正是大熊猫，我脸上也有光。哦，对了，你刚才说什么基金会？

熊巧巧：世界自然基金会，徽标是一只大熊猫，很多宣传保护动物的场所也会用这个徽标。

成又又：他们是干什么的？为什么用我们大熊猫的肖像啊？

自然基金会。

　　为了提高知名度，达到宣传效果，组织者决定用一种无比珍贵又十分招人喜欢的动物作为徽标。当时大熊猫"姬姬"正在英国伦敦动物园展出，每天都能吸引到数不清的游客，这让组织者眼前一亮。于是，大熊猫"姬姬"就成了世界自然基金会徽标的原型。

　　其实，世界自然基金会的徽标经历过多次修改。最初的草图是一只斜卧的大熊猫，外面是一个没有完全封闭的圆圈。正式亮相的时候，草图上的圆圈不见了。后来，世界自然基金会的徽标又分别在 1978 年、1986 年和 2000 年做了改动，大熊猫的姿势逐渐从斜倾到正常的四足形态，也陆续加上了世界自然基金会的英文缩写和注册商标标志。

　　如今，可爱的大熊猫便成为全球自然保护运动的一个偶像性标志。

趣味小问答

大熊猫和世界自然基金会还有哪些联系？

▷ 1980 年，受中国政府邀请，世界自然基金会开始负责大熊猫的保护工作，是世界上第一个受邀来华工作的非政府组织。

知识链接

Q 世界自然基金会的徽标为什么不设计成彩色的？那样不是更好看吗？

A 因为大熊猫的体色就是黑白的。

"大熊猫"这个名字的由来

成又又： 今天，小·熊猫说我们大熊猫抢了它们的名字。

熊巧巧： 嗯，确实是人家先叫"熊猫"的。只不过由于我们的名气更大，所以熊猫就成了我们的专有名字了，而它们则必须在前面加上"小"字。

成又又： 啊，那还真有点对不住小·熊猫了。那就改过来啊，我们本来就是熊嘛！

熊巧巧： 没那么容易，大家都叫习惯了，再说了，我们在国际上的通用名可是独树一帜的，那才是身份的象征。

1869 年，法国学者阿尔芒·戴维对一具来自四川穆坪，被当地人称为"黑白熊"的动物标本进行了研究。他经过研究后，发现这具标本和同一地区的黑熊不一样，除了身体上有更多的白色毛发（亚洲黑熊胸部有 V 形白毛），脸也更圆、嘴巴相对较短，但骨骼和形态特征还是和熊接近。他认为这个动物应该属于熊属动物的一种，于是就给起 *Ursus melanoleucus* 的拉丁文名字，含义是"黑白相间的熊"。

戴维将标本和自己的研究结果上报给更权威的专家——时任巴黎自然历史博物馆主任的米勒·爱德华兹（Alphones Milne-Edwards）。米勒在重新研究后，通过牙齿以及多长出来的"伪拇指"等特征，认为这是一种和 1825 年命名的"小熊猫"关系较近的物种。于是，他把小熊猫拉丁文属名 *Ailurus* 稍加改动，变成 *Ailuropoda*。这个新的命名替换了戴维命名中用来表示属名的单词，同时保留了原来的种名，合在一起就成了 *Ailuropoda melanoleuca*，意思是"黑白相间的熊猫"。这个名字一直沿用至今。

　　为了便于科普，各国都要把动物的拉丁文名字翻译成本国语言。中国便根据大熊猫的拉丁文学名，还有与小熊猫相似的特点，确定了"大熊猫"这个名字。

趣味小问答

大熊猫小时候能叫"小熊猫"吗？

▷ 由于小熊猫已经是另一种动物的名字，为了防止混淆，未成年的大熊猫宝宝就不能叫"小熊猫"了。人们根据它们喜欢把身体蜷成一团打滚的特点，起了一个萌萌的名字——"小团子"。

知识链接

Q 有没有什么动物的名字被翻译错了？

A 白犀牛的体色为黑灰色。它们名字源于荷兰语，本意为"长有宽大嘴巴的犀牛"。但由于荷兰语中的"宽"与英语中的"白"听起来很接近，所以就被误传成了白犀牛。

大熊猫的名字有何含义？

为了更好地研究和方便管理，世界上的每一只圈养大熊猫都有名字。给"国宝"起名，当然不能草率，总体上需要遵循以下几个原则：

1. 所有大熊猫都属于中国，名字要尽量体现中国文化特色。

2. 名字要尽可能好听，读起来朗朗上口，这样有助于进一步提高大熊猫受关注的程度。

3. 为了方便饲养员记忆，同一个研究机构或动物园内的大熊猫不能重名。

4. 名字要尽可能有意义，特别是对于那些代表中国出访的大熊猫。

如果落实到细节，其实给大熊猫起名也很灵活。大部分时候，大熊猫妈妈的姓或

成又又：老妈，今天有同学问我，我为什么叫又又。

熊巧巧：哈哈哈，你同学可真能问问题呀。大概是因为你的脑袋又大又圆吧。

成又又：原来饲养员给我起名字这么随便！

熊巧巧：哈哈，好记、叫着顺口，也好写，多好啊！

成又又：这倒是。不过，人类给我们大熊猫起名，有什么原则吗？

熊巧巧：其实，我们大熊猫的命名还有更多的考虑。作为中国最出色、最珍贵的和平大使，我们的名字也反映着美好的愿景。

名中的一个字加到幼崽名字里。大熊猫"福顺"曾在 2016 年凭借一记"倒栽葱"入选《时代》（TIME）周刊年度图片。它的母亲叫"奇福"，同胞妹妹叫"福来"。所以，大熊猫幼崽的名字一般和母亲相关，而不是像人类那样随父亲。这一方面是为了向独自抚育幼崽的大熊猫妈妈致敬，另一方面也是为了简单理清大熊猫之间的关系。

　　如果是前往国外或其他地区的大熊猫，名字里通常含有美好祝愿。例如，2012 年，为了庆祝中国和新加坡建交 20 周年，通过广泛征集，中新双方大熊猫合作研究的两只大熊猫一只叫"凯凯"，一只叫"嘉嘉"。"凯"字有凯旋胜利的意思，象征

知识链接

Q 科学家会为每只大熊猫进行编号吗?

A 有的，科学家为每一只大熊猫分配了属于它们自己的谱系编号。

134

着两国建交后共同取得的各种成就。"嘉"和新加坡的"加"以及"家"字都同音，表达出大熊猫生活在这里同样能感受到家的温暖，还有多多繁育后代，增加大熊猫数量等美好含义。

有的大熊猫的名字来源于某些特定日期或地点。例如 2019 年 9 月 30 日，广州长隆野生动物世界诞生了一只大熊猫宝宝。正值中华人民共和国 70 周年庆典，这个小家伙就叫"国庆"啦。1990 年亚运会吉祥物"盼盼"的原型叫"巴斯"，它是在一个叫"巴斯沟"的地方被救助的。

当然，也有一些大熊猫的名字可能还有点"乌龙"。比如 2006 年出生在美国的"明星"大熊猫"美兰"，它是在美国出生的第五只大熊猫宝宝，也曾是亚特兰大动物园的"镇园之宝"。"美兰"外表娟秀，曾被错认成"女孩子"，不过，它的确是个"汉子"。

大熊猫的未来与保护

20世纪七八十年代，四川等地曾出现了两次大规模竹子开花现象，导致大熊猫的食物严重短缺，它们栖息地的面积也急剧缩小。基于上述两个原因，大熊猫的数量一度下降到只有1 114只，成为世界自然保护联盟中的濒危级物种。"濒危"是除"灭绝"和"野外灭绝"外，风险第二高的等级，仅次于"极危"。

成又又：咱们大熊猫的野外求生本领真不是一般的强啊。

熊巧巧：怎么讲？

成又又：我们大熊猫祖先扛过了极度寒冷的冰川期，多么了不起呀！

熊巧巧：哈哈，孩子啊，瞧你得意的样子。不过我们大熊猫生存能力确实强。

成又又：还得感谢人类对我们的保护！

熊巧巧：哎呀！我们的又又真懂事！

　　为了保护"国宝"，我国采用了"两手抓"的策略。

　　一方面，研究人员在科学理念和技术指导下，积极照顾救助野外的病、饿大熊猫，帮它们繁衍后代。首先，研究人员尽量给圈养大熊猫创造接近于野生环境的居所，让它们生活得更快乐。其次，研究人员通过相关技术手段检测大熊猫在哪个时间段受孕率最高，随时监测孕期雌性大熊猫的情况。同时，研究人员还对人工饲养的幼崽采用"生态育幼"，提高存活率。第三，研究人员选拔身体强壮、反应敏捷、适应力强的圈养大熊猫进行野化放归研究，补充野外种群。

另一方面，我国加大对原始森林的保护；退耕还林，扩建自然保护区，增加了野生大熊猫的生存空间。同时，有关部门还通过立法严厉打击非法猎捕。

在各方面努力下，2015 年第四次全国大熊猫调查报告的数据显示，野生大熊猫的数量已经回升到 1 864 只，比第三次调查增加 268 只。

然而，大熊猫保护形势好转绝不等于人们从此可以高枕无忧。由于村庄、城市、公路的阻隔，大熊猫的栖息地被分割成了很多块。因此，大熊猫无法到更远的地方去找寻配偶，被迫同区域内近亲繁殖。2016 年，我国通过了建立"大熊猫国家公园"的方案，旨在积极解决这一问题。该公园占地面积27 134 平方千米，横跨四川、甘肃、陕西三省，可以将现有 67 个大熊猫自然保护区连接起来，帮助大熊猫扫除交流的地理障碍。

2019 年 5 月 11 日，中国地质大学与环境地质国家重点实验室以及海内外科研团队通力合作，第一次提取到史前大熊猫的全基因组序列。这有助于更好地开展保护工作。

趣味小问答

为什么说提取到史前大熊猫的全基因组序列有助于更好地保护大熊猫？

▷ 通过基因研究，可以了解大熊猫这一物种的遗传多样性以及更容易患哪些疾病等问题，有针对性地去解决。

"签收"一只"海归"大熊猫有多难？

1982 年以后，出于科研保护的考虑，我国停止了对外赠送大熊猫，改为大熊猫国际合作繁育研究。按照约定，出生在国外的大熊猫宝宝在 3 岁左右必须回它们的故乡中国。

这事说起来简单，具体执行就得考虑很多细节了。首先是路程问题，临近的韩国、日本还好，像美国这样隔着千山万水的国家，大熊猫要在飞机上颠簸十几个小时，如何保证它们在旅途中身体健康就非常重要了。

保证大熊猫身体健康的重点就是一定要让这些"海归"大熊猫感到舒服。为了让大熊猫适应飞机内密闭的环境，当地动物园会专门准备一个由板条制成的透气性很好的箱子。"国宝"在上飞机前会先熟悉箱子内的生活。这种箱子被称为"过渡箱"，人们可以在箱子外面的明信片上写上对大熊猫的祝福。

光舒服肯定不够，食物和水这些身体必需的"硬条件"也要跟上。动物园要根据每只归国大熊猫的身体情况进行合理安排。

2020 年 1 月 12 日，旅居加拿大的龙凤胎大熊猫"加盼盼""加悦悦"，乘坐飞机成功抵达四川成都。为了迎接"加盼盼""加悦悦"，成都大熊猫繁育研究基地做了充分的准备。在这对龙凤胎回国之前半年，成都大熊猫繁育研究基地就开始办理各种手续，为它们的归来做好各种物资准备，如检查检疫隔离场的设备，为检疫隔离场消毒，还安排了经验丰富的饲养员护送这对龙凤胎。

在"加盼盼""加悦悦"回国之前的一个月，饲养员要为它们进行为期一个

趣味小问答 💬

为什么和"海归"大熊猫交流要切换语言？

▶ 不同的语言在语音语调上会不一样，而大熊猫对于声音却很敏感。它习惯了一种语言的声调，突然换一种会不适应，也就不会理睬饲养员。

月的隔离检疫。在这期间饲养员要对它们做 24 小时看护，每天提供不低于 100 千克的竹类，还有精料、窝窝头等食物。兽医也要每天为它们检查身体，确保它们健康。

　　在启程回国之前，为了确保大熊猫回国的途中不会发生任何不适和意外，外方需要把随行的各种物品都报给成都大熊猫繁育研究基地确认。路程问题解决了，回来以后如何适应中国的环境也要被提上议事日程，毕竟这些小家伙在国外生活了很多年，它们吃惯的主食竹子主要是当地产的，辅食也是"西餐"。为了防止这些归来的"国宝"出现水土不服，相关人员在它们下飞机后也要安排相应的体检和隔离观察，而随行的外国饲养员则和中国饲养员相互配合，逐渐改变它们的饮食习惯，让它们喜欢上家乡的竹子和窝头。

知识链接

Q 大熊猫出国前要学当地语言吗？

A 其实是不用的。因为大熊猫主要靠肢体语言（行为）、口令和奖励的配合。但是不同的大熊猫，脾性也不一样，具体还要看大熊猫与饲养员的沟通交流情况而定。

关于主编

张志和博士，现任成都大熊猫繁育研究基地党总支书记、主任，四川省濒危野生动物保护生物学重点实验室——省部共建国家重点实验室培育基地主任，兼任四川省大熊猫科学研究院院长、中国动物园协会副会长，四川省学术和技术带头人，四川省委、四川省人民政府决策咨询委员会委员，四川省人民政府"大熊猫文化全球推广大使"。

从事大熊猫等濒危野生动物保护研究及管理工作 30 年，先后主持国家重大基础研究前期研究专项项目、国家"863"计划项目、国家科技基础条件平台项目、国家科技支撑计划课题、国家国际科技合作专项、国家重点研发计划课题、四川省科技条件基础平台建设项目、四川省杰出青年科技基金、国际合作科研项目等 50 项，获国家级科技成果奖 1 项、省部级科研成果奖 10 项、市级科技成果奖 14 项，发表论文 135 篇、科研专著 3 本、科普读物 16 本，获得国家授权专利 22 项。

成都大熊猫繁育研究基地，目前占地面积 100 公顷，2021 年扩建后总面积将达 238 公顷。基地拥有多达 200 余只的全球最大人工圈养大熊猫种群，于 2006 年创建"国家 AAAA 级景区"，被授予联合国环境保护署"全球 500 佳""中国景区国际影响力 20 强"等殊荣，2019 年接待游客量逾 900 万人次，是中外游客观赏、了解大熊猫的最佳旅游目的地。

同时，基地全面打造与推广大熊猫文化品牌，与英国广播电视总台（BBC）、IMAX 公司先后合作拍摄自然类纪录片 2 部。目前，基地单独拥有原创剧目 2 部，艺术展览品牌 1 个，大熊猫音乐 20 余首，专著、绘本、画册等出版物 50 余种，指导出版期刊 1 种，常年开展 10 余项文化交流项目与 10 余项科普教育项目。

主创团队

联合出品人　刘　昕

科学总顾问　张志和

总　监　制　颜忠伟

监　　　制　李　军　廖智勇　丁悦华

总　策　划　王寒英　李　洁　海　阳（华树凯）

科学顾问　谭洪明　兰景超　黄祥明　蒲安宁

　　　　　　吴孔菊　许　萍　唐亚飞　彭文培

　　　　　　（均为成都大熊猫繁育研究基地研究人员）

参与单位

咪咕文化科技有限公司

咪咕数字传媒有限公司

咪咕动漫有限公司

成都大熊猫繁育研究基地

　　《**熊猫大百科**》是中国首部原创大熊猫百科全书，由著名大熊猫专家张志和主编、成都大熊猫繁育研究基地专家担任顾问，全方位、多角度讲解大熊猫知识、传播大熊猫文化。本书从"大熊猫怎么这么可爱""大熊猫的生活圈""大熊猫的前世今生""保护'国宝'大熊猫"四个方面，把有关大熊猫的一切呈现在小读者面前。本书还配有大量兼具极高科研价值和观赏价值的真实珍贵的大熊猫图片，记录了大熊猫游戏、进食、打斗、觅食等精彩瞬间。

　　书中除了憨态可掬的大熊猫照片，还加入了两只可爱的咪咕卡通大熊猫——"熊巧巧"和"成又又"这对母子，"成又又"代表充满好奇心的小孩子，"熊巧巧"则是为孩子答疑解惑的妈妈。这对母子的对话，可以将小读者引入大熊猫的世界，用孩子的视角去观察大熊猫，激起小读者对大熊猫的喜爱与保护之情。